CLIMATE CHANGE AND RENEWABLE ENERGY

# 气候变化与可再生能源

NATIONAL POLICIES AND THE ROLE OF COMMUNITIES, CITIES AND REGIONS

——国家政策以及社区、城市和区域的作用

国际可再生能源机构 编著
郁志坚 译

国际可再生能源机构G20气候可持续工作的报告

中国金融出版社

责任编辑：童祎薇
责任校对：刘　明
责任印制：裴　刚

**图书在版编目（CIP）数据**

气候变化与可再生能源：国家政策以及社区、城市和区域的作用= CLIMATE CHANGE AND RENEWABLE ENERGY——NATIONAL POLICIES AND THE ROLE OF COMMUNITIES，CITIES AND REGIONS/国际可再生能源机构编著；郁志坚译.—北京：中国金融出版社，2020.9
ISBN 978－7－5220－0516－4

Ⅰ.①气…　Ⅱ.①国…　②郁…　Ⅲ.①再生能源—研究
Ⅳ.①TK01

中国版本图书馆CIP数据核字（2020）第032637号

气候变化与可再生能源：国家政策以及社区、城市和区域的作用
QIHOU BIANHUA YU KEZAISHENG NENGYUAN：GUOJIA ZHENGCE YIJI SHEQU、CHENGSHI HE QUYU DE ZUOYONG

出版
发行　中国金融出版社
社址　北京市丰台区益泽路2号
市场开发部　（010）66024766，63805472，63439533（传真）
网 上 书 店　http：//www.chinafph.com
　　　　　　（010）66024766，63372837（传真）
读者服务部　（010）66070833，62568380
邮编　100071
经销　新华书店
印刷　保利达印务有限公司
尺寸　169毫米×239毫米
印张　4.5
字数　70千
版次　2020年9月第1版
印次　2020年9月第1次印刷
定价　30.00元
ISBN 978－7－5220－0516－4

## 关于 IRENA

国际可再生能源机构（IRENA）关于 G20 气候可持续工作组（CSWG）的报告。IRENA 作为一个政府间组织，为各国在可再生能源领域内提供重要的国际合作平台，卓越的研究团体以及有关可再生能源政策、技术、资源数据与融资方面的知识信息库，以促进全球向可持续能源社会的转型。IRENA 致力于所有形式的可再生能源的推广和可持续利用，包括生物能、地热能、水电、海洋能、太阳能及风能，努力实现可持续性发展、能源普及、能源安全以及低碳经济增长和繁荣。

www.irena.org

## 致谢

G20 气候可持续工作组成员就该研究提供了宝贵的意见和建议。本报告由 Elisa Asmelash 和 Ricardo Gorini 准备。IRENA 的同事 Emma Aberg、Francisco Boshell、Yong Chen、Rabia Ferroukhi、Diala Hawila、Sandra Lozo、Divyam Nagpal、Habone Osman Moussa、Michael Renner、Costanza Strinati、Stephanie Weckend 和 Adrian Whiteman 提供了有价值的评论和反馈。



本报告英文版可由此下载：www.irena.org/publications

如需更多详情或提供反馈意见，请联系：info@irena.org

## 免责声明

本报告所使用的名称和所含内容是“按原样”提供的，仅供参考。但是，IRENA及其成员、代理商、数据或其他第三方内容提供者对此出版物均不作任何明示或默示保证，并且对于因使用本报告或所含内容带来的任何后果，概不承担任何责任或负有任何义务。

此资料中包含的内容不一定代表IRENA成员的观点。其中所提及的特定公司、项目或产品，并不代表其已得到IRENA的认可或推荐，认为其优于其他未提及的同类型公司、项目或产品。本出版物所使用的名称和所述的材料，并不代表IRENA对任何地区、国家、领土、城市或区域或者其当局的法律地位、边界或边境划分发表任何意见。

# 序 言

# Preface

在众多具有全球性外部性的挑战中，气候变化已经被普遍认为是本世纪人类面临的最严重危机，其紧迫性已毋庸置疑。根据联合国政府间气候变化专门委员会（IPCC）发布的《全球温升 1.5 度特别报告》，全球平均温度已经比工业化前时代高出了 1 度以上；若延续此趋势，将导致海平面大幅上升、严重干旱以及极端气候事件概率的大幅上升，可能使数亿人口成为气候难民、50%左右的物种面临灭绝风险，所带来的经济损失将无法估量。《巴黎协定》的目标是“确保本世纪末，全球平均气温升幅，相比工业革命前水平，低于 2 摄氏度，并努力控制在 1.5 摄氏度以内”，以防止气候变化失控；为达成此目标，需要全球温室气体总排放在本世纪中叶左右实现净零。

全球三分之二的温室气体来自能源部门，主要是化石能源相关的经济活动。减少化石能源消耗，发展可再生能源是控制温室气体排放，应对气候变化的主要途径；能源绿色化的过程同时还可以减少空气污染、强化能源安全。可再生能源相比传统能源形式的重要特点之一是去中心化。分布式的可再生能源，不仅可以降低温室气体排放，减缓气候变化，还可以增强能源系统韧性，是脆弱地区适应气候变化的重要途径：即使在传统中心化能源基础设施遭到自然灾害破坏后，分布式能源也可解决某些地区、城市和社区面临的能源短缺问题。

在过去几十年间，由于激励政策、技术改进、规模化利用，可再生能源成本持续下降，使各国能源系统中实现高比例可再生能源成为可能。根据国际可再生能源署（IRENA）统计，2010—2019 年，全球可再生能源装机、发电量逐年稳步增长。风能和太阳能累计装机规模年化增长率分别为 14.7%、34.2%，发电量复合增长率分别为 17.7%、42%。中国是全球可再生能源发展的重要引擎，风能和太阳能装机总量均居全球第一；2010—2019年，我国风电、太阳能发电累计装机规模分别为210.5GW、205GW，年化增长率分别为24.3%、80%。

我国也是可再生能源投资大国，截至2018年，连续7年投资总量居全球首位，和绿色金融发展相得益彰。绿色金融是中国扎实推进生态文明建设、助推经济绿色转型的必然选择。我国通过大力推动绿色信贷、绿色债券和绿色基金市场，运用金融资本鼓励、支持和引导生态环保项目和产业的发展；通过实施绿色保险制度，运用专业化的市场评估机制，强化对企业的环境风险监管；通过发展碳排放权交易市场，推进各地区碳减排目标的落实，履行中国在全球温室气体减排行动中的承诺。

可再生能源是绿色金融的重点支持领域。近几年，在绿色信贷、绿色债券和绿色保险等方面都有支持可再生能源行业发展的实践案例。新能源和可再生能源项目在建设方面具有重资产、建设周期较长、初始投资高等特点，需要稳定有效的投融资渠道予以支持，并通过优惠的投融资政策降低融资成本。未来，随着可再生能源行业补贴的退坡，绿色金融对可再生能源行业的支持也将显得更加重要。

本书是对国际可再生能源机构（IRENA）G20气候可持续工作报告/可再生能源融资的译本，对应对全球气候变化和可持续发展的挑战、途径和创新趋势进行了探索，尤其关注分布式可再生能源解决方案。我相信，本书中文译本的出版能使我国广大读者更深入地了解可再生能源政策、技术、资源数据以及融资方面的知识，进一步推动我国可再生能源的发展。

中国金融学会绿色金融专业委员会主任
中国人民银行货币政策委员会委员
清华大学金融与发展研究中心主任

# 缩略语表

| 英文缩写 | 英文名称 | 中文名称 |
| --- | --- | --- |
| CCA | Community Choice Aggregation | 社区选择聚合 |
| CO | Community ownership | 社区所有权 |
| $CO_2$ | Carbon dioxide | 二氧化碳 |
| CSWG | Climate and Sustainability Working Group | 气候可持续工作组 |
| DER | Distributed energy resources | 分布式能源 |
| DG | Distributed generation | 分布式发电 |
| DHC | District heating and cooling | 区域供暖和制冷 |
| DIO | Do it ourselves（Japanese rooftop solar programme） | 亲自做（日本屋顶太阳能计划） |
| DIY | Do–It–Yourself | 自己做 |
| EAC | Energy Attribute Certificate | 能源属性证书 |
| EEAP | Energy Principles and Energy Efficiency Action Plan | 能源原则和能效行动计划 |
| EJ | Exajoule | $10^{18}$ 焦耳 |
| ESWG | Energy Sustainability Working Group | 能源可持续工作组 |
| EV | Electric vehicle | 电动汽车 |
| FiT | Feed–in tariff | 上网电价 |
| G20 | Group of Twenty | 二十国集团 |
| GDP | Gross domestic product | 国内生产总值 |
| GHG | Greenhouse gas | 温室气体 |
| Gt | Gigatons | 十亿吨 |
| GW | Gigawatt | 吉瓦 |
| GWh | Gigawatt–hour | 吉瓦小时 |
| IEA | International Energy Agency | 国际可再生能源机构 |
| IoT | Internet of Things | 物联网 |
| IPCC | Intergovernmental Panel on Climate Change | 政府间气候变化专门委员会 |

续表

| 英文缩写 | 英文名称 | 中文名称 |
|---|---|---|
| IRENA | International Renewable Energy Agency | 国际可再生能源机构 |
| ISEES | Institute for Sustainable Energy and Environmental Solution | 可持续能源与环境解决方案研究所 |
| IT | Information technology | 信息技术 |
| kWh | Kilowatt-hour | 千瓦时 |
| MW | Megawatt | 兆瓦 |
| NDCs | Nationally Determined Contributions | 国家自主减排贡献 |
| NGO | Non-governmental organization | 非政府组织 |
| O&M | Operation and maintenance | 运营和维护 |
| PPA | Power purchase agreement | 购电协议 |
| PPP | Public purchase agreement | 公共购买协议 |
| PV | Photovoltaic | 光伏 |
| RFC | Reason for concern | 关注原因 |
| SDG | Sustainable Development Goal | 可持续发展目标 |
| SIDS | Small Island Developing States | 小岛屿发展中国家 |
| SWG | Sustainability Working Group | 可持续发展工作组 |
| TEC | Total energy consumption | 能源消费总量 |
| TEPCO | Tokyo Power Electric Company | 东京电力公司 |
| TES | Thermal energy storage | 热能储存 |
| TFEC | Total final energy consumption | 最终能源消耗总量 |
| TPES | Total primary energy supply | 一次能源供应总量 |
| TWh | Terawatt-hour | 太瓦时 |
| UNFCCC | United Nations Framework Convention on Climate Change | 《联合国气候变化框架公约》 |
| UK | United Kingdom | 英国 |
| USD | United States Dollar | 美元 |
| VRE | Variable renewable energy | 可变可再生能源 |

# 目　录

# Contents

## 图



## 表



## 专栏

# 内容摘要

政府间气候变化专门委员会（Intergovernmental Panel on Climate Change, IPCC）于2018年底发布的特别报告，强调了全球变暖的影响，要求采取紧急行动。此外，如果要避免气候变化带来的灾难性后果，人们必须以前所未有的规模和速度作出回应。考虑到三分之二的温室气体（Greenhouse gas, GHG）排放来自能源部门，IPCC强烈要求立即改造世界能源系统，大规模采用可再生能源，并稳步提高能源效率（IPCC，2018）。

通过联合国认可的可持续发展目标（Sustainable Development Goals, SDGs）和符合《巴黎协定》的国家自主减排贡献（Nationally Determined Contributions, NDCs），一些全球论坛正在制订行动计划以加速这一能源转型。然而，目前世界还没有按计划实现这些目标或将平均温度上升限制在议定的“远低于2℃”水平。事实上，世界各种与气候相关的政策显然不够雄心勃勃，需要进一步修订才能达到要求的目标。

国际可再生能源机构（International Renewable Energy Agency，IRENA）的分析表明，迅速采用可再生能源解决方案与能效战略相结合，构成了安全、可靠和负担得起的途径，该途径能够实现超过90%与能源相关的$CO_2$减排以达到国家承诺的气候目标。然而，要真正具有影响力，需要一种全球性的方法，要让社会各层面——从社区、区域和政府到公共和私营部门的众多其他利益相关者——都参与其中。鉴于有充分证据表明可再生能源占主导地位的电力系统可以在高水平运行，同时支持可持续的经济增长，向100%可再生能源过渡现在已成为政治意愿问题，因为所需的技术已经成熟且易于部署。

凭借其共同的经济和政治相互依赖性以及促进所需结构变革的力量，G20成员国最有能力领导这一全球能源转型。在目前G20由日本担任主席国期间，

IRENA 撰写了一份报告，通过利用整体的、以人为本的方法，确定并详细阐述了有助于加速可再生能源部署的各种行动支柱。目前的分析探讨了几种消除不断扩大的气候变化和可持续性缺口的替代途径。特别是，它将分布式能源（Distributed Energy Resources, DERs）确定为一种有前景的解决方案，可提高资源效率和灵活性，并为区域、城市、社区和其他地方实体的可持续授权提供具体机会。

广义的 DERs 涉及生产、储存和管理能源的小技术，它将利益相关者和公民置于范式转变的核心。除了减少能源使用外，DERs 还使广泛的能源用户不仅仅成为简单的被动电力消费者。通过投资能源社区，以及在能源效率低下、昂贵、零星或无法获得的地方推行企业采购的方法，决策者可将 DERs 广泛应用在整个城市、岛屿和农村离网地区。

本报告确定并分析了采用可再生能源和 DERs 的不同应用和方法论，并且总结了几个共同的挑战，可归纳为以下四个关键点：

- 政策和法规；
- 金融创新；
- 资源和能力建设；
- 产品和服务创新。

需要为直接用户乃至整个社会构建一个计划，以提高对 DER 解决方案潜力的认识和理解。通过这些讨论，决策者可以积极地与社区就 DER 设计、建设、运营和维护进行接洽，以提高社会接受度。通过鼓励技术创新，他们还可以通过开发所谓的“即插即用”解决方案来促进其可及性。此外，通过制定支持 DER 设备商业化的各种政策，包括适当标准定义和质量控制措施，决策者能为行业的发展铺平道路。

为了资助这一转变，IRENA 建议建立专门的国际投融资便利，促进和支持“组合”贷款和众筹平台，并与多边机构合作开发更多创新融资解决方案。通过为 DER 解决方案的最终用户提供长期、可负担的融资，并鼓励机构为社区能源项目提供融资，特别是在发展中国家，政府有能力塑造替代性商业模式的发展。

除金融资源外，还需要投资于能力建设和创设培训课程，以确保 DER 可再生能源方案成功纳入城市、岛屿和农村离网区域。课程还应包括 DIY（do-it-yourself）的方法以及离网技能发展的具体认证计划。培养必要的生产和服务创新能够创建专门的平台和专家网络，它们可以帮助定制实用的 DER 解决方案并分享最佳实践。

为了确保所有市场参与者的公平接入，公用事业公司必须积极参与，调整和简化与能源配送相关的不同方面，包括电网连接、许可和批准要求。为促进这一点，G20 成员应考虑建立主管当局，其唯一目的是支持社区能源项目，特别是提供咨询以及融资服务和机会。

对于能源获取存在问题的国家，G20 国家通过支持将其纳入国家能源获取战略，为离网解决方案的发展奠定坚实的基础。纵向（地方和国家）和横向（各部委之间）上的政策协调可以反过来帮助稳定和澄清对 DER 系统发展至关重要的政策和法规。此外，通过将行业层面的政策（如 DERs 应用于城市或交通的政策）联系起来，政策制定者可以进一步加快可再生能源的采用和可持续发展目标的实现。在医院和学校等公共建筑中构建 DERs 并提高能效，可以进一步促进实现这些目标。

基于这些已确定的挑战，本报告还探讨了 G20 国家如何通过其公认的领导力，促进 DERs 和能效解决方案的发展及全球传播。当旨在为投资和发展制定有效市场框架时，IRENA 推荐的、定制的政策和法规可以广泛应用于全部 G20 成员，或者可以根据具体情况和国家优先事项进行个性化定制。

# 1. 引言

气候变化已经影响到世界各地。如果趋势有增无减，其未来的负面影响可能是巨大的，远远超过预防工作的付出。最近 IPCC《关于全球变暖 1.5℃的特别报告》强调了采取果断措施应对气候变化的紧迫性，包括通过全球能源使用的转型。考虑到三分之二的温室气体排放来自能源部门，IPCC 明确要求立即大规模转向可再生能源和大幅提高能源效率（IPCC，2018）。

2015 年国际气候变化谈判结果促成了《巴黎协定》和“2030 年可持续发展议程”（包括可持续发展目标）的缔约生效，自此以来世界各地的一些论坛一直在采取行动并谈判加速能源转型。

IRENA 的报告《全球能源转型：2050 年路线图》（IRENA，2019a）估计，实现《巴黎协定》的目标，需要提高能源效率以减少全球能源需求、增加终端用能部门电气化的途径以及增加包括生物燃料在内的可再生能源在能源矩阵中的份额。因此，到 2050 年，可再生能源需要至少占最终能源供应总量的三分之二。与此同时，可再生能源在电力部门的份额需要从 2017 年的 25% 增加到 2050 年的 86%。好消息是，目前已拥有在技术上和经济上均可行的解决方案来实现这一目标。实际上，有一个独特的机会可以加速向数字化、分布式和脱碳能源系统转型。

设想的全球能源转型——本身就是许多国家已经发生的能源转型的高潮——可以创造一个更加繁荣和包容的世界。加速部署可再生能源有望带来多种好处，从经济增长和创造就业机会到减缓气候变化和减少空气污染。

IRENA 的分析（IRENA，2019a）表明，可再生能源、能源效率和电气化相结合，代表了一种安全、可靠、价格合理且已可部署的途径，该途径能够满足既定气候目标超过 90% 的与能源相关的 $CO_2$ 减排量，这种转变是未来最有效的战略。然而，真正有影响力的是，这种能源转型需要一种全球性的方法，让社会各个层面——从社区、地区和政府到来自公共和私营部门的利益相关者——参与其中。

除政府围绕气候变化采取行动外，社区（农村和城市）、非政府组织（non-governmental organizations，NGOs）和私营部门也可以将其知识、专长和决策过程结合起来，立即采取行动。事实上，能源和信息技术（IT）创新与可再生能源竞争日益增强的结合正在改变能源服务的格局。DER 的作用正在增加，作为采购建筑物、城市和农村地区的照明社区以及供电公司的解决方案。DERs 和整个社会的参与有几个好处，为所有利益相关者赋权是加速能源转型的有效行动。

作为一个集团，G20 成员在经济实力和领导能力方面是最有利于促进全球能源转型的。它们共占世界经济的 85%，占全球贸易的近四分之三，占世界人口的三分之二（WEF，2016）和全球能源消耗的五分之四（IRENA，2018a）。正如 IRENA 的估计，2010 年至 2030 年，G20 成员不仅拥有全球 81% 的可再生能源发电装机容量，而且还拥有其部署潜力的 75%（IRENA，2016a）。

正如目前日本担任 G20 主席国在开幕致辞中所说，“G20 政策应以人为本，注重生产力和技术，促进社会 5.0 的发展”（GOJ，2018）。实际上，这意味着通过整合第四次工业革命的创新来解决各种社会挑战，例如物联网（Internet of Things，IoT）、大数据、人工智能、机器人以及整个行业和社会生活中的共享经济。此外，分散化的可再生能源技术是一种自然而不可避免的契合，旨在为未来创造一个“超级智能”和可持续发展的社会。这是 G20 主席团要求开展本研究的背景。

“气候变化和可再生能源”这一关键主题，将通过国家政策以及社区、城市和区域的作用来审视。该研究特别关注与 DERs 相关的创新机会。它还通过加速可持续能源转型来考虑社会赋权的选择，特别是通过企业采购可再生能源和社区应用可再生能源，无论是在城市、在岛屿，还是农村离网地区。

需要列出和解释的主要发现如下：

- 如果各国无法达到《巴黎协定》规定的低于 2℃的气候变化阈值，世界将面临代价高昂的风险。

- 可持续发展目标是一项全球责任，需要所有国家的参与，尤其是 G20 国家这些可再生能源的领导者。
- 根据现行政策，世界仍在努力达到“远低于 2℃”的阈值，因为整体国家自主减排贡献并不足以实现可再生能源和能效目标。
- 可再生能源和能源效率是互补的，需要并行加强。这需要在国家层面制定详细的路线图，以制定适合当地条件、资源禀赋和优先事项的不同途径和解决方案。
- 能源创新领域的动态与社会赋权趋势相结合，正在重塑支持生产性消费者和 DIY 行为的能源供应。
- DER 可以在加速可持续能源转型方面发挥具体而有效的作用，特别是通过企业采购，在城市、农村和岛屿离网环境中的社区应用。

### 专栏 1　正在进行的工作：G20、IRENA 和气候可持续工作组

在过去五年中，可再生能源与加速可再生能源部署的努力相结合，在 G20 议程中占据突出地位。IRENA 的各种分析加深了全世界对加速可再生能源部署在能源转型中发挥关键作用的理解，说明了等待早期采用者的重要经济机会。通过积极支持 G20 会议，IRENA 继续为能源部门脱碳提供基于科学的评估方案。

为了帮助实现这一转变，G20 气候可持续工作组（Climate and Sustainability Working Group，CSWG）的任务是“影响 G20 国家并与相关利益攸关方合作，确保 G20 的政策促进可持续发展，特别注重增加对能效的投资和可再生能源，确保发展规划与完全脱碳一致，并为较贫穷国家提供融资，以确保这些国家能够适应气候变化，并采用气候友好型的基础设施和政策”（CAN，2018）。

最初，CSWG 是更广泛的可持续发展工作组（Sustainability Working Group，SWG）的一部分，该工作组还包括能源可持续工作组（Energy

Sustainability Working Group，ESWG）。然而，2014 年，在澳大利亚担任主席国期间，该集团专注于提高能源效率和加强能源市场，最终通过了 G20 能源原则和能效行动计划（Energy Principles and Energy Efficiency Action Plan，EEAP）。

2015 年，在土耳其担任主席国期间，随着各国共同努力制订撒哈拉以南非洲的能源获取行动计划和 G20 可再生能源部署工具包，重点发生了转移（IRENA，2016a）。结果，IRENA 被赋予了与其他国际组织合作，在五个行动领域中成为工具包实施的中央协调员的任务：（1）分析可再生能源成本、成本削减估算和最佳实践；（2）在设计国家政策框架和将大量可变可再生能源纳入电力系统方面交流最佳实践；（3）开发专用于可再生能源的风险缓释便利（risk-mitigation facilities）；（4）评估可再生能源技术在国家层面的潜在利益；（5）制定采用路线图和部署现代生物能源。

在由中国担任 G20 主席国主持的 2016 年北京会议上，能源部长们各自回顾了工具包实施以来取得的进展。他们通过了《G20 可再生能源自愿行动计划》，目标是到 2030 年大幅增加可再生能源的份额，并继续推进工具包的实施。此外，他们还制订了长期的能效计划（《G20 能效引领计划》）和 G20 亚太地区能源获取行动计划。

在 2017 年德国担任主席国期间，气候变化的具体主题首次纳入 CSWG 计划，特别是建立抵御气候变化影响的适应能力的重要性。为了解决这个问题，IRENA 和国际可再生能源机构（International Energy Agency，IEA）都要求分析能源部门脱碳的选择，以实现《巴黎协定》的目标，以及这样做的投资影响。

与此同时，2017 年 G20 领导人宣言所附的《经济增长的气候与能源行动计划》呼吁 IRENA 通过定期更新能源行业的全球转型和进一步的投资需求来支持 G20 的努力。该计划指出已经取得的进展并要求继续实施《可再生能源自愿行动计划》和工具包，以进一步支持全球可再生能源的扩大。

2018 年阿根廷担任 G20 主席国时强调了致力于减少温室气体排放及加强可持续和清洁能源系统创新的承诺，同时也承认每个 G20 成员都有特定和独特的能源系统特征、需求和优先事项。此外，CSWG 的工作计划集中于在德国担任主席国期间取得的成就，并作为未来主席国的参考。目标是分享最佳实践、促进加大努力、改进适应性和恢复能力，不仅在国家层面，还体现在与伙伴国家合作上（G20 Argentina，2018）。

作为 IRENA 对 G20 的积极支持以及对能源部门脱碳选项的持续分析的一部分，在阿根廷担任主席国期间，IRENA 还撰写了一份题为《通过可再生能源的高级部署加速国家能源转型的机遇》的报告（IRENA，2018a）。

# 2. 气候变化、可持续性和可再生能源

## 2.1　SDG 和可再生能源的协同作用

2015 年通过的联合国可持续发展目标（SDGs）为评估全球变暖 1.5℃或 2℃与发展目标（包括消除贫困和减少不平等）之间的联系提供了一个框架（IPCC，2018）。

SDG7 要求确保到 2030 年“为所有人提供负担得起的、可靠的、可持续的和现代化的能源”，与大多数 SDG 目标有很强的联系，对于将世界升温保持在 2℃以下和满足其他各种 SDG 目标（见图 1），能源在促进目标的途径中处于核心地位。然而，尽管有能源和可再生能源解决方案，但目前世界还没有按计划实现 SDG7，进一步改进将需要增加政策承诺，同时需要更多资金和广泛接受发展中的技术的意愿（IRENA，2017a）。

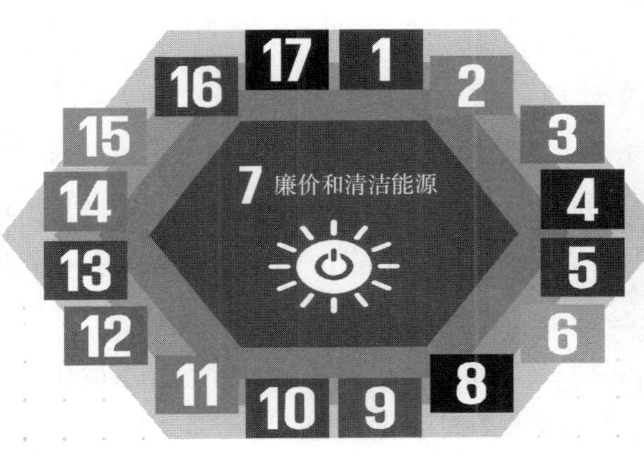


可持续发展目标（SDGs）
1.消除贫困
2.消除饥饿
3.良好健康与福祉
4.优质教育
5.性别平等
6.清洁饮水和卫生设施
7.廉价和清洁能源
8.体面工作和经济增长
9.工业、创新和基础设施
10.缩小差距
11.可持续城市和社区
12.负责任的消费和生产
13.气候行动
14.水下生物
15.陆地生物
16.和平、正义与强大机构
17.促进目标实现的伙伴关系

**图 1　SDG 7 与其他可持续发展目标之间的联系**

（来源：IRENA（2017a））

## 2.2 不符合既定气候目标的风险和可持续解决方案的机遇

IPCC《关于全球变暖 1.5℃的特别报告》（SR1.5）于 2018 年 10 月 8 日发布，估计人类活动已导致全球温度高于工业化前水平约 1.0℃。除非采取重大对策，否则 2030—2050 年，全球变暖将不会限制 / 稳定在 1.5℃（IPCC，2018）。

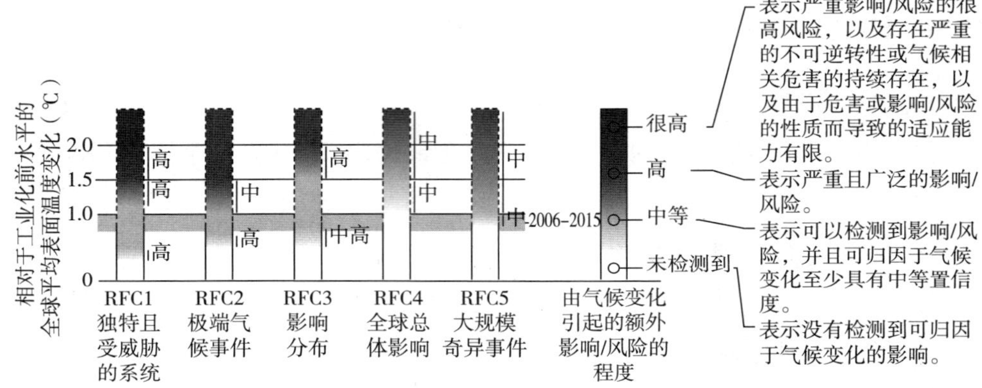


**图 2 全球变暖水平如何影响与关注理由（RFC）及选定的自然、管理和人类系统相关的效果和风险**

（来源：IPCC（2018））

图 2 说明了五个综合关注理由，并提供了一个框架，用于总结跨部门和跨区域的关键影响和风险。

将全球变暖限制在 1.5℃的途径要求所有部门（即能源、农业、城市基础设施、建筑、交通运输和工业系统）的快速和广泛转型。这些系统转型在规模方面是独特的，并且在速度方面更加明显。因此，它们需要跨部门的减排、广泛的减缓方案组合和大幅增加的投资。将升温限制在 1.5℃的努力与可持续发展密切相关，可持续发展平衡了社会福祉、经济繁荣和环境保护。

如果世界要达到议定的气候目标，那么迅速将世界从导致气候变化的化石燃料的消耗转向更清洁、可再生的能源形式是重中之重。

减少与能源有关的 $CO_2$ 排放是能源转型的核心。由于近年来许多政府加强了减少国家排放的努力，因此 2015—2050 年 IRENA 可再生能源路线图（REmap）参考案例[①] 中与能源相关的 $CO_2$ 排放量已经从基于 2017 年分析的预计 1380 千兆吨（Gt）下降至基于 2018 年分析的 1230 Gt——下降 11%。然而，这种改善尚未反映在当前的 $CO_2$ 排放量中，不幸的是，2017 年的 $CO_2$ 排放量实际上增长了约 1.4%（IEA，2018）。

许多政府的计划仍然没有达到必要的减排量。IRENA REmap 参考案例表明，根据当前和计划的政策，世界很可能会耗尽与能源相关的 $CO_2$ 排放预算。为了使世界能走上实现《巴黎协定》目标的道路，与参考案例相比，到 2050 年，与能源相关的 $CO_2$ 排放量需要至少再减少 400 Gt；换句话说，从现在到 2050 年，每年的排放量需要减少 3.5%左右并且之后也继续下去（见图 3）。

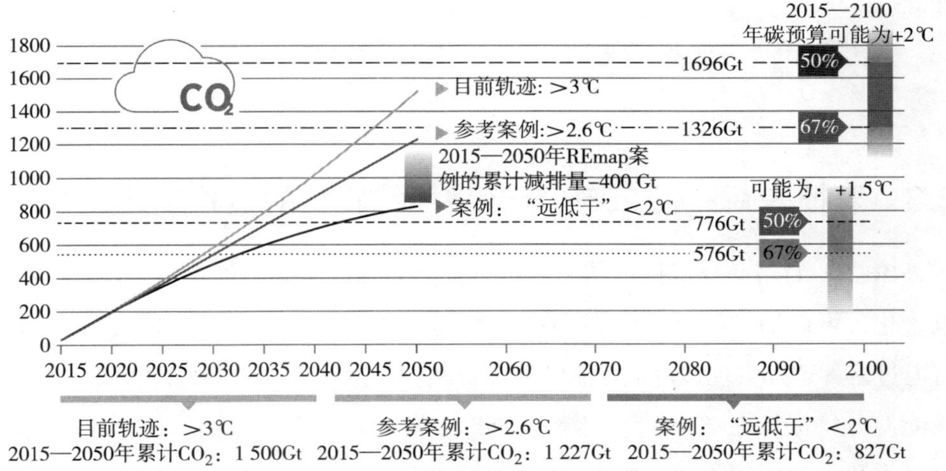


**图 3　2015—2050 年与能源相关的 $CO_2$ 累计排放和排放差距（Gt $CO_2$）**

（来源：IRENA（2019a））

① 该方案考虑了各国当前和计划的政策。它包括在 NDC 和其他计划目标中作出的承诺。它基于政府目前的预测和能源计划，提出了"一切照旧"的观点。有关 REmap 方式方法的更多信息，请访问 www.irena.org/remap/methodology.

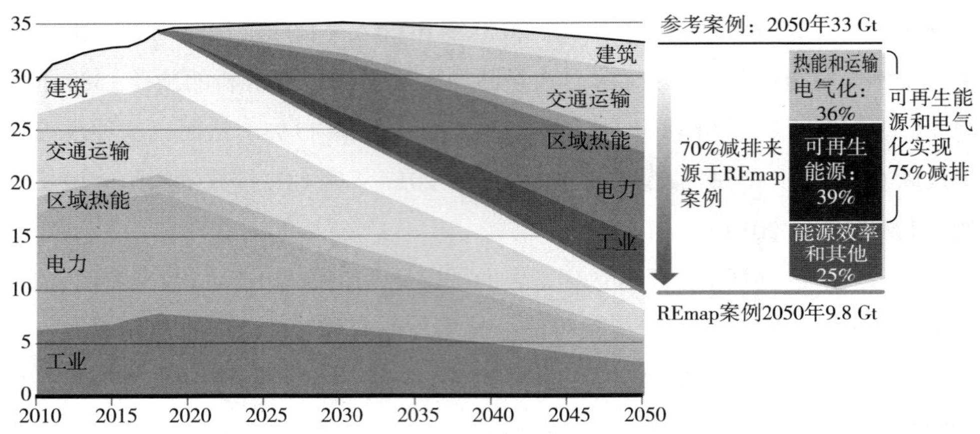


**图 4　2015—2050 年与能源有关的 $CO_2$ 年度排放量和减排量（Gt / 年）**

（注："可再生能源"意味着在电力部门（风能、太阳能光伏等）和最终用途直接应用（太阳能热能、地热能、生物质能）中部署可再生技术。"能源效率"包括在工业、建筑和交通运输部门的最终用途应用中部署的效率措施（例如，改善建筑物的隔热或安装更有效的电器和设备）。"电气化"表示热能和运输应用的电气化，例如部署热泵和电动车辆（EV））

（来源：IRENA（2019a））

## 2.3　表征差距：在 2050 年全球能源转型的过程中建立 NDG

IRENA 的路径分析得出结论，可再生能源和能源效率加上最终用途的深度电气化，可以提供超过 90% 的与能源相关的 $CO_2$ 减排量（见图 4）。其余部分将通过多种选择实现，包括工业中的化石燃料转换（天然气）和碳捕获及封存。核能发电将保持在 2016 年的水平。同时，需要作出巨大努力，到 2050 年将工业过程和土地使用所产生的碳排放减少到零以下。如果没有这些领域的进展，就无法实现气候目标。

但是，有很多举措和行动的例子。许多政府正在制定可再生能源目标，全球范围内迅速扩大的数量目标是在 21 世纪中叶或之前实现 100% 的可再生能源。在开展这项运动的同时，次国家层面和地方政府同时成为区域适当的最佳做法和政策的孵化器。此外，可再生能源在电力系统中的整合打破了 2017 年和 2018 年的纪录，因为许多司法管辖区比以往任何时候都更长时间地部署更高水平的可再生能源。

现在有充足的证据表明，以可再生能源为主导的电力系统可以在高水平运行，同时支持可持续经济增长。由于已经掌握了必要的技术，向深度脱碳和可再生能源的大比例转型现在主要是政治意愿问题。

### 专栏2 NDC：现状和趋势

国家自主减排贡献（NDC）是《巴黎协定》的基石（IRENA，2017b）。它们列出了各国为实现共同的全球气候目标而制定的行动。实质上，这意味着努力将全球平均气温较工业化前水平的升高限制在“远低于2℃”，理想情况下在21世纪达到1.5℃。

可再生能源在2015年协议下创建的第一轮国家数据中心中占据突出地位。在2018年11月底正式提交的152个NDC中，约有111个（近四分之三）列举了具体的可再生能源目标。另有34个承认可再生能源是减少温室气体排放和适应气候变化影响的重要途径。

但是，《联合国气候变化框架公约》（UNFCCC）的所有缔约方仍有机会在计划于2020年举行的下一轮NDC中进一步加强可再生能源的目标。

IRENA 2017年的报告发现，到2030年将需要超过1.7万亿美元来实施全球NDC所包含的可再生能源目标（IRENA，2017b）。由于NDC的实施，到2030年全球将增加至少1.3太瓦（terawatts）的可再生能源装机容量。与2014年相比，这将使全球可再生能源装机容量增加76%。然而，可再生能源的潜在成本效益远远高于目前NDC的成本效益。

事实上，IRENA的分析发现，可再生能源的快速部署，加上能源效率的提高，可以实现2050年所需能源部门减排量的90%左右，同时推动经济增长和发展（IRENA，2017b）。

# 3. 减少气候变化和可持续性差距：途径和创新趋势

NDC 和其他与气候相关的政策显然不足以实现必要的全球目标，应对其进行升级，以更好地反映所需的雄心和改进程度。

人们应考虑到变化，且这些变化应符合减少气候变化和缩小可持续性差距的三个关键支柱：

1. 增加可再生能源在能源矩阵中的份额；

2. 通过提高能源效率来减少全球能源需求；

3. 增加所有终端用能部门的电气化路径。

缩小气候变化和可持续性差距将涉及探索可能的替代途径，根据国家的具体需求和能力量身定制。在这种背景下，分布式能源（DER）提供了若干环境和可持续性机会，包括减少能源使用的碳强度、提高资源效率、提高能源安全和创造商机的灵活性。能源供应的分散化也为地区、城市、社区和其他地方实体的赋权提供了具体机会。

**专栏 3　全球能源转型：2050 年路线图**

IRENA 报告《全球能源转型：2050 年路线图》代表了 IRENA 对全球能源转型的愿景。该分析是由减少与能源相关的 $CO_2$ 排放的需求所定义的，这是能源转型的核心所在，而且满足碳预算。它提供了一种全球视角，包括机遇（即提高能源效率、可再生能源、生物能源和终端用能的电气化）和相关的挑战（即可再生能源可变来源的整合、新商业模式的设计等），这些机遇和挑战与能源转型实现能源部门完全脱碳相关。

2019 年报告的关键信息如下：

- 改变全球能源系统将需要从根本上改变能源系统的构思和运营方式。
- 从现在到 2050 年 $CO_2$ 排放量减少 70% 在技术和经济上是可行的，但需要立即采取行动并作出坚定承诺。
- 75% 的减排可归因于可再生能源，直接使用可再生热能和燃料，以及通过可再生能源对终端用能部门进行电气化。
- 电力需求在交通运输、建筑和工业中的份额需要增加，并达到最终能源使用量的近 50%。
- 与现行和计划的政策相比，从现在到 2050 年，将需要大量额外投资约 15 万亿美元的低碳技术。
- 从现在到 2050 年，每年的能源部门补贴可以减少五分之一左右（1350 亿美元），并可以重新平衡能源效率和可再生能源。
- 为了实现 REmap 分析中提出的中期和长期里程碑，需要进行创新，重点是促进解决方案的开发和部署，从而创造整合可变可再生能源的高份额所需的灵活性。
- 这种转型可以大大增加能源部门的总体就业，并在全球范围内提高 GDP 增长率。向可再生能源转型为能源部门创造的就业将大于化石燃料行业的失业。

## 3.1 缩小建筑、工业、电力和交通运输部门差距的三大举措

展望未来，可再生能源的份额应从 2016 年的一次能源供应总量（Total Primary Energy Supply，TPES）的 14% 左右上升到 2050 年的 65% 左右（见图 5）。

根据 IRENA 的 REmap 案例[①]，可再生能源的使用量将增加近四倍，从 2016 年的 81EJ（exajoule）增加到 2050 年的 350 EJ。尽管人口和经济增长显著，但 TPES 也必须略低于 2016 年的水平。2010 年至 2016 年，全球一次能源需求每年增长 1.1%。在参考案例中，到 2050 年每年减少 0.6%，而在 REmap 案例中，能源需求增长变为负值，导致至 2050 年每年下降 0.2%（IRENA，2019a）。

REmap 案例导致两个重大转变。首先，由于可再生能源电气化的增加，能源效率提高，特别是在交通运输和供热方面。越来越多地使用可再生电力减少了低效的燃料消耗。其次，电力结构发生了显著变化，电力碳强度下降了 90%。结果是，REmap 案例中的电力部门在发电量方面将增加一倍以上——超过 55000 太瓦时（TWh）（2016 年约为 24000 TWh）。该部门将看到可再生能源的大规模部署和日益灵活的电力系统，支持可变可再生能源（VRE）的整合。可再生能源在电力部门的份额将从 2016 年的 24% 增加到 2050 年的 86%。这种转变需要电力系统规划、系统和市场运营以及监管和公共政策的新方法（IRENA，2019a）。

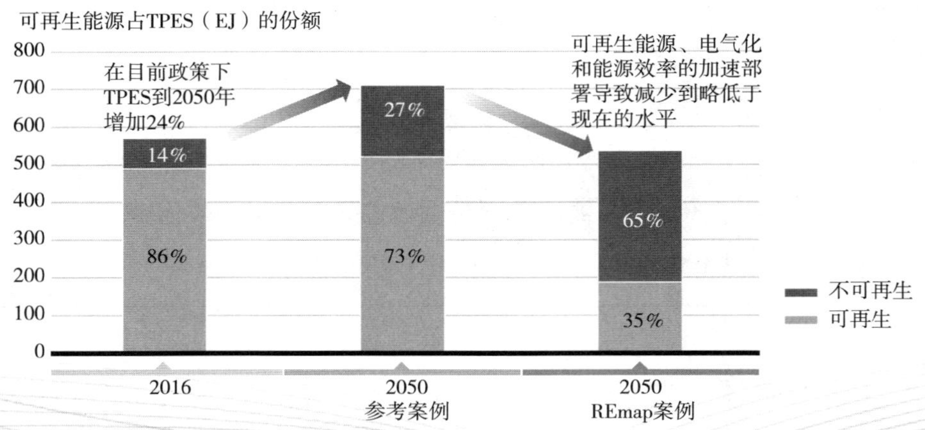


**图 5　2016—2050 年参考案例和 REmap 案例中的 TPES、可再生和不可再生能源份额**

（来源：《全球能源转移：REmap 转移路径》（给 IRENA 的背景报告，2019a））

① 它分析了主要基于可再生能源和能源效率的低碳技术的部署，以带来全球能源系统的转型，为了本报告的目的，该系统的目标是将全球平均气温较工业化前水平升高限制在 2℃（概率为 66%）。

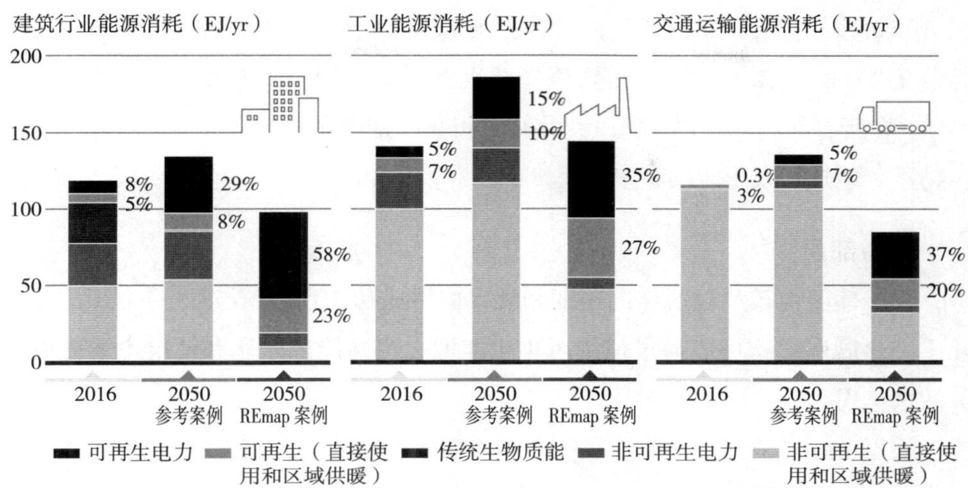


**图 6　扩大可再生能源规模：用于电力、热能、建筑和交通运输**

（注：运输和工业部门的氢气包含在电力部分。不可再生能源包括直接使用化石燃料（如用于加热、烹饪、运输等）；可再生能源包括可再生能源的直接使用（如太阳能热水）和可再生能源的区域供暖）

越来越多的可再生能源电气化被视为一种主要解决方案，可再生电力的贡献将成为全球能源转型变革的最大驱动力。到 2050 年，最终能源使用总量中的电力需求将从现在的 20% 增加到 49%。工业和建筑的电力消耗份额需要翻倍，到 2050 年分别达到 42% 和 68%，交通运输需要从现在的 1% 增加到 2050 年的 40% 以上。同样，其他子部门或活动也需要大幅增加用电量。在建筑领域、空间供暖和烹饪以及客运和公路货运的运输部门将会有一些最大的电力增长（IRENA，2019a）。

尽管最终用途部门的可再生电力使用增长，但直接使用可再生能源仍将是工业、建筑和交通运输中相当大比例的能源使用的原因。大部分将涉及直接使用生物质，其中包括太阳能热、一些地热和其他可再生资源的重要贡献。

由于可再生电气化和直接可再生能源的使用，可再生能源在最终能源消耗总量（TFEC）中的份额也将大幅增加。在 REmap 案例中，第一年需要绝对量增加超过 7 倍，将总体份额从 17% 提高到 18.5%。在随后的几年中，增长将是递增的，在 2050 年达到 66%。

可再生能源和能源效率与电气化相结合，是成功实现能源转型的关键因素。

在 REmap 案例中，到 2050 年，可再生能源将主导运输和建筑行业，分别达到行业 TFEC 的 57% 和 81%。可再生能源也将与工业相关，占最终能源使用量的 25%。在所有部门，可再生电气化将构成可再生能源载体的最大份额，并辅之以生物质、地热和太阳能的直接使用。

### 电力部门

为了使能源转型以所需的速度和规模取得成功，到 2050 年，电力部门需要几乎完全脱碳。这可以通过使用可再生能源、提高能源效率和使电力系统更加灵活来实现。

根据 REmap 案例，到 2050 年，终端用能部门的电力消耗将比 2016 年增加 130%，达到 55000 TWh。到 2050 年，可再生能源在发电中的比例将从 2018 年估计的 26% 增加到 86%，可再生能源的年装机容量增加量将超过 600GW，其中 84% 将来自太阳能和风能技术。这些来源将引领该行业的转型，风能发电装机容量和太阳能光伏装机容量（PV）分别从 2017 年的约 514 GW 和 385 GW 上升到 2050 年的 6000 GW 和 8500 GW。此外，还将看到地热、生物能源和水电的强劲增长。分散式可再生能源发电量从目前占总发电量的 2% 增长到 2050 年约占四分之一，增长了十倍以上。

到 2050 年，新的可再生能源产能的投资将增加到每年超过 6500 亿美元。将电力系统转变为生产约 86% 份额的可再生能源需要基础设施投资和能源灵活性，投资额为每年 3500 亿美元（2016—2050 年共计 12 万亿美元）。总之，到 2050 年，对电力系统脱碳的投资平均水平需要达到每年近 1 万亿美元（IRENA，2019a）。

然而，电力部门可再生能源的部署仍面临多重障碍，需要政策支持来推动转型。政策范围从定价工具到金融和财政激励、配额和义务，以及自愿计划等（IRENA，IEA 和 REN21，2018）。

### 工业部门

工业部门产生了全球排放量的三分之一，是与能源相关的 $CO_2$ 的第二大排放源。然而，到目前为止，这个部门在能源转型方面一直在努力。2016 年，可再生能源仅占工业部门能源需求的 14% 左右，其中大部分来自生物质能源。电力供应占该部门能源消耗的近 23%。

根据 IRENA 的 REmap 案例，到 2050 年，工业界需要将直接用途和燃料中可再生能源的份额提高到 63%。在能源转型期间，到 2050 年，电力将满足工业能源需求的 40% 以上。就比例而言，最大的增长将是使用太阳热能用于低温过程。它的使用将急剧增加到 24 亿平方米的太阳能集热器（聚光型和平板型），提供 4% 的工业热需求。此外，到 2050 年，还将安装超过 8000 万个热泵，以满足类似的低温热能需求。

然而，工业部门可再生能源供热和制冷受到的政策关注远远少于电力部门。近年来用于满足热量需求的全球可再生能源份额增长稳定，但速度远远低于可再生电力的增长速度，而可再生制冷解决方案则更少见。可再生能源用于供热和制冷面临着多种经济和非经济障碍。政策干预对于克服这些障碍是必要的，应该仔细设计以反映具体的国家和地方情况。各种政策已经被用于支持可再生热能的部署，通常包括多种工具的组合，例如财政激励措施（即赠款、税收抵免）、基于热能的激励措施、技术特定的任务（即要求安装太阳能热水器）、可再生能源组合标准（即设定可再生热量的配额）（IRENA，IEA 和 REN21，2018）。

实际上，工业部门可以通过增加可再生能源的自我生产和消费（企业采购）在脱碳中发挥重要作用。风能和太阳能技术与能效相结合应用简单，并且共同构成分布式能源应用。本报告后文将对此进行探讨。

### 交通运输部门

交通运输部门也在努力实现能源转型。在全球范围内，其在 2016 年的可再生能源份额仅为 3%。根据 IRENA REmap 案例，该部门将显著提高客运的电气化水平，尤其是当可再生能源产生的氢作为运输燃料引入时。与 2016 年相比，生物燃料以及电气化和所谓的 Power-to-X 天然气相结合将导致该行业的石油消耗量比 2016 年下降近 70%。从 2015 年到 2050 年，整个运输部门的电力份额将从略高于 1% 上升至 43%，其中 86% 将是可再生的。此外，在同一时期，生物燃料的份额将从略低于 3% 增加到约三分之一。同样，IRENA 的 REmap 案例还预计到 2050 年将有 10 亿辆乘用电动汽车。

为实现这一目标，从大约 2040 年开始销售的大多数乘用车都需要是电动的。根据 REmap 案例，到 2050 年，超过一半的乘用车保有量将是电动车，接近 75% 的乘用车活动（乘客公里数）将由电动车提供。

要实现 IRENA 的 REmap 案例下的转型，到 2050 年将需要近 14 万亿美元的交通运输部门总投资。发展生物燃料行业（主要是先进的生物燃料）需要 2 万亿美元左右，发展氢气需要 0.5 万亿美元。

交通运输部门脱碳是能源部门脱碳的关键。这是一项艰巨的任务，需要从根本上改变整个运输部门的性质和结构。这种转变需要技术发展和行为变化，以及重大的政策推动。一般而言，政策需要以综合方式解决三个方面的问题：（1）可再生能源生产的能源载体 / 燃料的可用性；（2）可使用可再生能源燃料的车辆的部署；（3）能源和燃料分配基础设施的发展。克服运输部门挑战的一些关键政策措施包括但不限于取消化石燃料补贴及实施碳税和能源税，设计用于研发、论证和化解风险的金融工具，制定车辆、车辆排放和低碳燃料标准以及任务（IRENA，IEA 和 REN21，2018）。

### 建筑部门

虽然建筑物对全球排放有显著影响，但该部门仍在努力推动能源转型。到 2050 年，在 REmap 案例中，建筑行业的整体能耗将降低约 15%，这主要归功于效率，尤其是制冷效率，同时也归因于供热的电气化。该行业的可再生能源份额也将从目前的三分之一上升至 81%，主要原因是消耗了大量可再生电力。

然而，尽管电器效率有所提高，但建筑行业的电力需求预计到 2050 年将增加 80%。为了适应这一发展，将烹饪技术从燃料转向电力将促进可再生能源，因为更多的清洁能源上线。此外，使用电力的炉灶，如电磁炉，可以将能源需求减少 1/3 到 1/5。新建和翻新的建筑可以更节能，并主要依靠可再生技术来满足其剩余的能源需求。大多数效率投资（REmap 案例中的 88%）将用于提高建筑物的能源效率。需要采取早期行动以避免搁浅资产并满足未来的再投资需求。

建筑行业的政策主要集中在可再生供热和制冷，并且在许多情况下与家电的能效措施相关，这是转向可再生能源的基本且具有成本效益的第一步。例如，建筑物需要很好地隔热以使热泵有效运行，而生物质锅炉需要更少的燃料，并且如果通过提高能源效率来降低热量需求，则会变得更具成本效益（IRENA，IEA 和 REN21，2018）。其他有效的政策措施包括建筑法规、财政激励措施和特定技术任务。

建筑行业是 DERs 和 DIY 方法可以发挥决定性作用的地方。家中的个人、办公室的经理以及不同类型的建筑物可以轻松采纳可再生能源和能效解决方案。但只有在适当的扶持条件到位且消除这些措施的不利障碍时，才有可能实现这一点。

## 3.2 分布式能源（DER）改变电力行业范式：电气化、去中心化和数字化

如果没有技术和人类行为的深刻转变，就不会出现与不断变化的能源矩阵相关的投资机会和抱负。DERs 是这种转型的重要组成部分。决策者、消费者和投资者有责任采用创新技术和服务解决方案。

DER 是生产、储存、管理能源和减少能源使用的小型技术，包括屋顶太阳能、储能、微电网、负荷控制、能源效率以及通信和控制技术。它们足够小，可以在电网周围“分布”，靠近客户，远离位于供电中心的发电厂（Paulos，2018）。DER 解决方案可以服务整个社区，并且能够在整个城市建立起来；可快速部署，可有效提高能源系统的弹性，根据采用的系统，提高能源安全，为社区赋权，减少地方和区域 $CO_2$ 排放量，促进能源价格下降。

DER 是正在进行的电力部门转型的核心，而这一转型又受到三个主要创新趋势的加速：（1）电气化；（2）去中心化；（3）数字化。这些范式变化趋势正在释放系统灵活性，使 VRE 渗透率越来越高（见图 7）。与此同时，这种转型正在改变现有行为者的角色和责任，同时为整个行业的新进入者敞开大门（IRENA，2019b）。

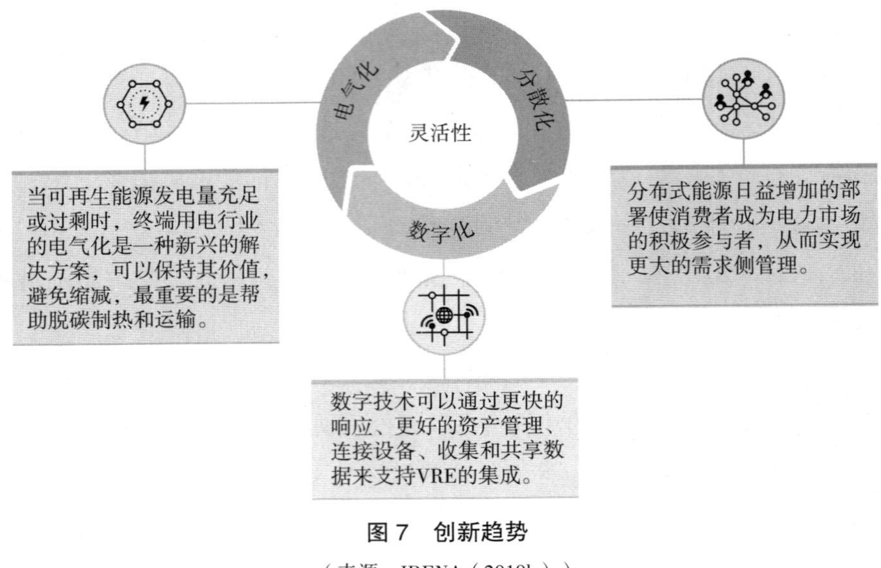


**图 7 创新趋势**

（来源：IRENA（2019b））

## 电力系统的去中心化

连接消费者的DER的出现，如屋顶太阳能光伏、微型风力涡轮机、“电表后端”电池储能系统、热泵和插电式电动车正在使电力系统去中心化。尽管今天风能和光伏发电基本是集中的，但分布式发电，特别是屋顶光伏发电（目前仅占所有发电量的1%左右）正在加速增长。分布式存储的势头也越来越猛。电表后端存储业务模式允许客户存储屋顶太阳能电池板产生的电力，并在以后需要时使用或将其出售给电网（IRENA，2019b）。DER可以通过诸如需求响应度量和聚合商业模型成为重要的灵活来源。

## 终端用能部门的电气化

使用再电气化是终端用能部门——交通运输、建筑和工业——脱碳的基石。随着新的电力负荷连接到电力系统，它们可以成为有助于进一步整合可再生能源的灵活性来源。但是，如果管理不善，这些新负载可能会导致额外的电力容量需求增加，电网紧张，需要额外投资来加强电力基础设施。另外，许多这些新负载本质上是灵活的。它们包括电池（例如电动车辆电池）和蓄热器（例如热泵或带热水箱的电锅炉），其使用可随时间变化，有助于平滑需求模式以匹配发电和电网容量的可用性。

### 电力部门的数字化

几十年来，数字监测和控制技术——所谓的“智能技术”——在电力生产和配送系统的应用一直是一个重要趋势。深入研究电力系统，智能电表和传感器的广泛使用，物联网（Internet of Things，IoT）的应用以及大数据与人工智能的使用，为整个系统提供新服务创造了机会。数字技术通过改进对资产及其绩效的监控、更精细的运营和更接近实时控制、新市场设计的实施以及新业务模式的出现，支持电力部门的转型。

数字化是通过管理大量数据和优化拥有许多小型发电机组的系统来放大能源转换的关键推动因素。增强的通信、基于区块链技术的自动化智能合约和增强的控制功能可以捆绑 DERs，从而创建所谓的“聚合器”。除了提供一系列有用的能源服务外，分布式发电和支持技术已成为有价值数据的来源，可以提供对消费者行为的深入了解，并使电网运营商能够更好地进行规划。改进的通信使系统运营商能够实时获得有关分布式能源位置及其能源和能源服务提供的有价值的信息，还可以提高对生产和消费水平的预测。总体而言，这些发展为整合可变能源以及更好地管理资产和运营提供了更大的灵活性。

此外，数字化的日益重要性也归功于去中心化和电气化的进步。去中心化的结果是有大量新的小型发电机，主要是屋顶光伏发电。运输和热能的电气化涉及大量的新负载，例如电动汽车、热泵和电锅炉。所有这些供应方面（由于去中心化）和需求方面（由于电气化）的新资产都对电力系统产生影响，使得监测、管理和控制对能源转型的成功至关重要。

能源转型创新的动态前景包括技术支持、市场设计、商业模式和系统运营方面的创新。

虽然解决 VRE 在电力系统中的整合问题并不缺乏创新，但 IRENA 已经研究了创新的前景，并在四个创新方面——技术支持、商业模式、市场设计和系统运营——确定了 30 种创新类型，如图 8 所示（IRENA，2019b）。

**图 8　电力部门转型的创新前景**

（来源：IRENA（2019b））

实现和促进必要的能源矩阵转换需要进行许多修改。个人继续在这一创新领域发挥关键作用。事实上，优先扩大可再生能源小型电网、社区所有权模式和 DERs 将有助于创造新的商业模式，为消费者提供支持。这可以使个人成为能源转型中的积极参与者。

# 4. 可再生能源和能源效率部署的去中心化解决方案

数十年对研究的投资已经产生了成熟的技术解决方案，以减少能源部门的温室气体排放。目前，全球正在采用低碳议程，摆脱以化石为基础的能源生产，增加可再生能源在能源结构中的份额，推动经济沿着可持续发展的道路前进。然而，虽然这些策略主要侧重于改变能源生产流程以减少排放，但它们仍然不包括也未考虑公众和整个社区可以发挥的作用（NCC，2016）。

事实上，公众是这种范式转变的核心，共同作为转型的主体。消费者不仅可以是被动的能源用户，还可以作为积极的利益相关者，参与围绕能源使用的新社会实践的发展。采纳这些观点使得决策者可以制定新的方式让公众参与气候和能源问题，最终鼓励全社会采取更多的低碳行为（NCC，2016）。

然而，这种变化需要更全面地了解社会与能源系统的复杂互动，并最终重新概念化公众在能源系统转型中所扮演的角色。

有各种方法通过 DERs 参与能源转型。其中包括消费者对分布式可再生能源的传统直接投资；通过能源社区，可以应用于任何社会类型或背景，即城市、岛屿和农村离网区域；也可以通过企业采购可再生能源。

## 4.1 利用 DERs 的方法

DERs 可以通过消费者直接投资、企业采购或社区所有权模型进行整合。

### DERs 中的消费者传统直接投资

加速消费者对可再生能源技术投资的更传统和成熟的方法包括上网电价（feed-in tariffs，FiT）、净计量和虚拟净计量。虽然这三种方法都允许能源生产者（即房主）对其反馈到电网的电量进行补偿，但它们在实施机制上有所不同。

上网电价（FiT）是一种能源供应政策，涉及行政设定的上网定价政策，重点是通过提供可再生能源电力销售的长期购买协议来支持新的可再生能源项目的开发。FiT 在鼓励全球可再生能源项目方面发挥了重要作用，因为它们为发电企业提供稳定的收入，并有助于提高项目的可融资性。截至 2017 年，FiT 已被 80 多个国家采用，而 2005 年仅为 34 个。它们的主要挑战包括使电价或收费水平恰到好处并根据需要进行调整。例如，低效率的 FiT 可能导致价格过低而不能吸引开发商，过高的价格则导致意外利润，潜在的消费者高费用或政府预算紧张（IRENA，IEA 和 REN21，2018）。

净计量电价是一种通过向分布式发电所有者提供补偿来促进分布式发电（DG）用于本地消费的措施。自我消费计划通常允许 DG 系统所有者减免其电费的可变费用部分。在净计量方案中，补偿是以电量方式计算的（以千瓦时为单位的抵免额 [kWh]），并且可以将抵免额用于抵消当前和未来计费周期（例如一个月）内的电力消耗。

最后，虚拟净计量电价利用与净计量相同的补偿机制和计费方案，而无须客户的 DG 系统（或 DG 系统的共享）直接位于现场。虚拟净计量已被作为一种促进参与共享可再生能源项目的机制实施，其中多个客户可以获得与其单个 DG 系统部分相关的净计量信用额（NREL，2017）。

### 企业采购可再生能源

世界上越来越多的公司自愿并积极地采购或投资可再生能源自发电。全球电力市场不断发展，以满足包括公司在内的各类消费者的可再生能源需求。虽然一些市场提供多种采购策略，不能说采购不可能，但仍然具有挑战性。公司和实体可用的模型在很大程度上取决于既定的政策框架、公司的运营及其采购和发电的能力（IRENA，2018b）。

IRENA 估计，截至 2017 年底，整个企业可再生电力市场达到 465TWh，约占商业和工业部门总电力需求的 3.5%。该估计数基于现有市场数据和约 2400 家公司报告的保守数据推断（IRENA，2018b）。

大多数积极的企业采购可再生能源是通过其他 DERs 自行生成的。其他采购可再生能源的模式包括购买非捆绑式能源属性证书（Energy Attribute Certificates，EAC）、直接与独立电力生产商签订长期电力购买协议（Power Purchase Agreement，PPA）以及绿色电力采购。

IRENA 估计 2017 年自给自足市场的可再生能源产量为 165 TWh。这种产量通常来自分布式能源，几乎每个国家都通过净计量或 FiT 计划以一定的补偿率进行某种形式的电网连接。截至 2016 年，已有 83 个国家实施了 FiT 或电价支付政策，55 个国家实施了净计量电价政策（IRENA，2018b）。

虽然大多数企业可再生电力自发电都是并网的，但从离网的可再生能源发电已经成为对在偏远地区开展业务并希望获得稳定能源供应的公司而言一个有吸引力的选择。可再生能源离网解决方案越来越多地被原材料行业部署，包括采矿公司。

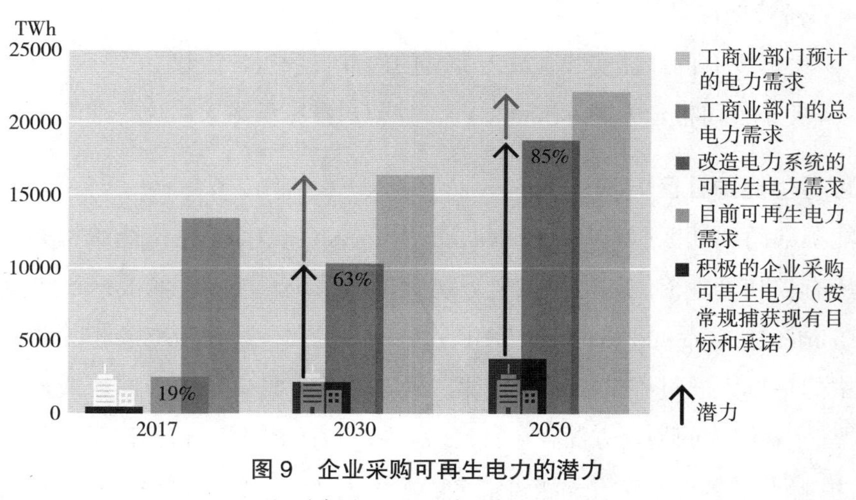


**图 9　企业采购可再生电力的潜力**

（来源：IRENA（2019b））

通过积极和更直接的采购，公司可以显著促进可再生能源部署的必要加速。到 2030 年，可再生能源的主动采购量预计将达到 2150TWh，到 2050 年将达到 3800 TWh。与 2050 年商业和工业部门可再生电力需求总量的 20% 相比，它远远不能达到《巴黎协定》的目标。图 9 概述了到 2050 年的企业可再生电力采购活动，并说明了公司推动全球能源转型的潜力。

如果企业在支持框架的支持下继续提升自己的抱负，企业采购的潜力巨大。它对能源转型的贡献可达到商业和工业部门可再生电力总需求（22000 TWh）的100%。事实上，截至2017年底，超过110家公司已经从可再生能源获得至少85%的电力，这表明雄心目标是可行的。但所有公司都必须在能源消耗方面争取更多的直接可再生电力。

### 实施挑战

- 政治
  - » 缺乏内部以及股东对可再生能源目标的承诺。
  - » 缺乏可靠和牢固的认证以及跟踪可再生能源属性的体系。
- 监管
  - » 人为障碍使可再生电力不太可能为公司带来经济意义。
- 系统透明度
  - » 遵循现有的最佳实践，缺乏完善的内部自我报告流程。
  - » 关于公司报告的国际准则薄弱，且公司没有承诺采用这些准则。

### 可再生能源社区方法

能源部门的社区所有权（Community Ownership，CO）是指能源相关资产的集体所有权和管理，例如能源发电系统、储能系统、能效系统及区域供热和制冷（District Heating and Cooling，DHC）系统。通常，这些与能源相关的资产由社区中的一群人通过许多不同的法律模式来处理，具体取决于国家或地区的运营情况。CO模式的创新方面在于社区及其参与者的作用，这超出了可再生能源发电的讨论。如今，CO模式涵盖整个能源价值链。它们可以提供本地化的发电和供电、热能和能源服务（例如，存储、向周围社区的能源销售），实现高效能源使用，并为能源系统提供灵活性（IRENA，即将出版）。

CO结构涉及家庭、个人和企业的参与，他们共同投资于能源相关资产的开发和运营。它允许参与者团结起来并按照当地特定的能源需求采取行动，同时鼓励领导和民主控制。无论社区是大型还是小型，社区能源生产在公民或特定社区成员的参与和拥有下运作。社区能源项目的资格要求取决于各社区实现能源资产民主化和建立分布式能源系统政策的实际意图。

社区在可再生能源项目中的经济和运营参与是建立社区对可再生能源项目发展的接受和支持的关键因素（REN21，2017）。

采用多种方法是成功实现社区能源发展和加速可再生能源部署的关键。决策者应了解与区域、经济、社会和文化差异以及各种技术潜力相关的具体情况（IRENA，2017a）。

工业化国家已经制订并实施了旨在支持基于社区的规划和所有权的国家计划，这些计划通常涉及能源合作社以及与 FiT 计划相结合的项目的当地所有权。这种类型的结构创造了双重效益，因为它可以实现项目的本地参与和接受，并降低所有相关消费者的能源费用。

在整个发展中国家，非常需要为仍然无法获得电力的数亿人扩大能源可及计划。尽管支持电气化计划的国家和国际计划范围广泛，但所需的资本和人力资源仍然庞大，目前的计划还不够。农村电气化项目的主要障碍是：（1）以合理的成本获得融资；（2）动员 / 资本化农村社区资金；（3）技术和经济信息的可用性；（4）训练有素的工作人员。

根据法人实体的主要目的、所有权结构、利润分配和分享以及民主治理或控制的程度，CO 可以有不同的法律模式。特别是，这些在表 1 中将详述。

表 1　社区所有权法律模式：法律形式和示例

| 法律形式 | 描述 | 举例 |
| --- | --- | --- |
| 合作社 | 由其成员共同拥有，以实现其共同的经济、社会和 / 或文化目标。 | 在伦敦布里克斯顿，在合作结构下建立了三个太阳能屋顶光伏项目。这些项目已在理事会地区实施，这些地产的居民是合作社的成员。每个成员的平均股息约为其初始投资的 3%~5%。通过专用基金，10%~20% 的年收入用于提高能效、教育计划和减少寒冷与干旱（Smedley，2014）。 |

续表

| 法律形式 | 描述 | 举例 |
|---|---|---|
| 合作伙伴 | 由个人合伙人组成，受其责任限制，分享合伙公司的金额并分享项目的利益/利润。 | Windcentrale 是一个荷兰众筹平台，向个人投资者出售股票以获得风力涡轮机的所有权。每个涡轮机都由合作社拥有。持有涡轮机的份额并不能带来经济收益，但通过涡轮机平均每年提供 500 千瓦时的电力（Windcentrale， n.d.）。 |
| 非营利性组织 | 由其成员的投资形成，但是其成员没有任何利润，而是将其用于进一步重新投资于以社区发展为重点的项目。 | Sun Co-operative Inc. 是一家位于加拿大安大略省的非营利性组织。该组织在大萨德伯里地区建设太阳能项目，收益将用于一个由当地社区组织组成的网络 reThink Green，以及一个用于开发当地社区环境项目的社区环境基金（SUN Co-operative Inc.， 2018）。 |
| 社区信托和基金会 | 使用社区项目中的投资回报用于特定的本地目的。这些利益也与那些无法直接投资这些项目的人分享。 | 英国诺丁汉大学和梅多斯合作基金会（MPT）已经开始在诺丁汉开发家用电池存储系统网络。电池将在非高峰时段存储多余的太阳能，在电网电费较高的高峰时段使用，从而降低高峰时的负载。这还将有助于消费者节省能源费用中的高峰负荷费用（诺丁汉大学， 2017）。 |
| 住房协会 | 一种向低收入家庭和个人提供住房的非营利性私营组织。 | 在丹麦，Hvidovrebo 第 6 区是位于哥本哈根郊区的住宅区。根据“租户民主”模式，租户决定在已经需要翻修的屋顶上安装屋顶太阳能和太阳能热能装置。该项目将覆盖整个庄园的十个屋顶，预计每年可生产 120160 兆瓦时的电力。这将由居民通过额外的租金或抵押付款来资助（Roberts， Bodman and Rybski， 2014）。 |

## 实施挑战

- 监管
  - 缺乏支持社区能源模式的支持计划。
  - 歧视小投资者。
- 金融
  - 社区无法筹集资金。
  - 社区无法获得第三方融资。
- 法律定义不明确，缺乏意识
- 不明确的定义可能导致对于实质上不属于社区能源定义投资的商业优势。
- 文化

» 缺乏民主决策和共同所有权规则。

» 托管社区内能源社区项目的利益分配不均。

### 专栏 4　日本的“亲自做”屋顶太阳能装置模式

在 FiT 的帮助下，2011 年东日本大地震和随后的福岛核灾难之后，日本的可再生能源社区项目显著增加（The Beam Magazine，2017）。

多摩市的一个社区团体在环境部的支持下发起了一个社区项目。2016 年 9 月，一家社区太阳能初创公司 Tama Empower 成立，旨在开发一种名为“亲自做”（Do it Ourselves，DiO）的屋顶太阳能新型参与式安装模式。该模式不仅为客户提供来自光伏发电的电力，还为客户提供深刻的理解和对社区所有权的切实感受。

DiO 计划包括四个主要支柱：

**1. 建筑业主和租户参与安装**

客户参加由 Tama Empower 提供的关于他们将要安装的太阳能光伏设备的培训课程。

**2. 通过流程细分和角色共享降低成本**

由于日本的太阳能安装成本非常高，DiO 的目标是通过将施工过程标准化并分解为三类来减少成本：（1）非专业人员可以使用的工艺；（2）由专业人员培训的人员可以使用的流程；（3）只有专业人员才能使用的流程。

**3. 精心挑选的太阳能光伏设备**

DiO 太阳能光伏设备经过精心挑选，以满足耐用性和简单性要求，实现参与式安装。

**4. 机构运营和维护（O&M）支持**

DiO 与专业建筑施工人员和电气工程师合作，负责已安装太阳能光伏发电的运行和维护。

## 4.2 城市和岛屿/离网应用：DERs的不同用途

### DER应用：城市

目前，全球大型城市约消耗全球三分之二的能源需求，并产生超过70%的全球$CO_2$排放量（C40，2012）。城市化预计将持续到2050年并可能更长，这需要更多的能源。为了将碳排放量降低到《巴黎协定》规定的远低于2℃的气候目标，必须扩大和采用低碳能源系统。除了提高能源效率的措施外，太阳能光伏、太阳能热和地热技术在供暖、热泵、电动汽车、储能、DER和其他系统中的应用有助于缩小差距，而不会对环境造成更大压力（IRENA，2016b）。这样的方式也可以使地方层面获得多种社会效益和经济利益。

### 特点

从广义上讲，城市的DERs可以分为两类：（1）现场发电，例如屋顶或建筑集成太阳能光伏发电和太阳能热发电；（2）拥有用于发电的智能本地电网和用于热使用的DHC的配电网络。

分布式可再生能源发电还可以通过减少自然灾害造成的破坏，帮助提高电网的可靠性和弹性。

除了从技术改进中受益之外，如太阳能光伏组件的性能、制造自动化的技术进步、规模经济和降低平衡系统的成本——这些降低了全球的安装成本——现场发电也将电力传输需求最小化，使系统成本进一步降低。

热能储存（Thermal Energy Storage，TES）系统可用于建筑物和工业过程，以帮助平衡每日、每周甚至季节性的能源需求和供应。在正常应用中，建筑物消耗的能量大约有一半以热能形式散失，其需求可能在任何一天之间变化（IRENA，2017c）。因此，TES系统可以减少高峰需求、化石燃料的需求、$CO_2$排放及成本，同时提高整体能源效率。

根据人口密度，DHC系统可以更有效和更具成本效益的方式来加热和冷却城市地区。在没有网络的地区，如果需求足够高，则与集中生产相关的规模经济和发电效率的提高可以显著降低成本。随着城市扩展其DHC网络，精心规划为设置系统的运行参数提供了更大的自由度，从而允许更高的可再生能源份额（IRENA，2017c）。

### 城市作为规划者和监管者

城市在促进可再生能源的使用方面发挥着多重作用，包括作为目标制定者和规划者、消费者（产生或获取能源服务；聚集城市需求）、监管机构和促进者（与城市利益相关者进行磋商）以及融资方（IRENA，2016b）。本节重点介绍规划和监管方面，然后讨论投资者和消费者的角色。

#### 制定可再生能源目标

越来越多的城市设定了增加可再生能源在其能源结构中所占份额的目标。许多人正在利用这些目标来协调基础设施网络（供水、运输、电力、供热、废料等）的政策，以创造协同效应，并使可再生能源目标与气候和效率目标保持一致。然而，它们的有效性主要取决于政治承诺以及公共和私人支持（IRENA，2015）。在一些国家，地方城市目标已超过国家目标。例如，堪培拉、马尔默和温哥华正致力于100%可再生能源（IRENA，2018c）。许多旨在实现100%可再生能源的城市包括多种目标类型和策略。有些是短期的，直接在城市管辖范围内控制，如目标为市政建筑100%消耗可再生电力。其他人则更加雄心勃勃，旨在促进电力部门以外的供热和交通运输以及公共和私人用户之间的深层结构转型。

#### 一体化城市规划

综合城市规划要求城市决策者在市政部门和当地利益相关者之间横向协调，并在多个治理层面纵向协调。将可再生能源目标纳入规划和部门政策可以显著提高城市基础设施系统和邻近城市的能源效率（IRENA，2016b）。

分布式可再生能源发电还可以通过减少自然灾害造成的破坏而帮助提高电网的可靠性和弹性。继2011年海啸之后，日本东松岛市因生命损失和停电而遭受重创，于是开始建设全国首个由太阳能光伏和生物柴油发电机组成的防灾微电网社区（Movellan，2015a）。

### 城市作为监管机构

市政府也可以作为监管机构推广可再生能源。机制包括土地使用规划和分区、商业和住宅建筑许可、城市建筑规范、太阳能条例、电网连接法规、技术标准、土地使用规划和公共住房计划（IRENA，2016b）。

市政府可以帮助简化市政建筑规范并制订社会住房计划（WWI，2016）。市政热力法令，也称太阳能法规，是城市鼓励太阳能部署的一个引人注目的例子。巴塞罗那采用的条例最终被西班牙许多其他城市复制。同样，巴西圣保罗制定的一项法令也成为该国其他城市的典范。迪拜电力和水管理局（Dubai Electricity and Water Authority，DEWA）的净计量项目称"Shams Dubai"，是另一项鼓舞人心的举措。并网太阳能光伏电站可以补偿馈送到电网的剩余电力，该电网被"存储"以供以后消费。该计划仅允许抵消需求，并且不允许任何超额发电支付。DEWA 已收到许多安装申请，其中包括迪拜港务局，迪拜港务局于 2015 年宣布，他们将在该项目下增加 30~40 兆瓦的容量（IRENA，2016b）。

### 城市作为可再生能源项目的融资者

地方政府使用的一种创新融资机制是补贴房主投资可再生能源或能源效率的低息贷款，并通过略高的房产税逐步偿还。该机制基于美国使用的财产评估清洁能源（Property-Assessed Clean Energy，PACE）融资模式。市政绿色债券是另一种资助可再生能源投资的机制。绿色债券可以使市政府获得低成本资本，以满足其能源投资需求（IRENA，2016b）。在投资能源替代方案方面，对于可支配收入或储蓄有限的城市居民而言，所谓的"账单融资"依赖预计的未来电费账单节省作为可再生能源或能源效率投资的收入来源。

### 城市作为倡导者和促进者

城市可以试点示范项目，与利益相关者进行磋商和可行性研究，并向公司、教育机构和媒体渠道传播相关信息。研究表明，尽管对关键能源决策的正式权力相对有限，但城市可以统一利用其行动和资源，特别是通过与私营部门和民间社团的合作（C40 and ARUP，2015）。通过与全球合作伙伴社区分享经验，城市也将大受裨益。

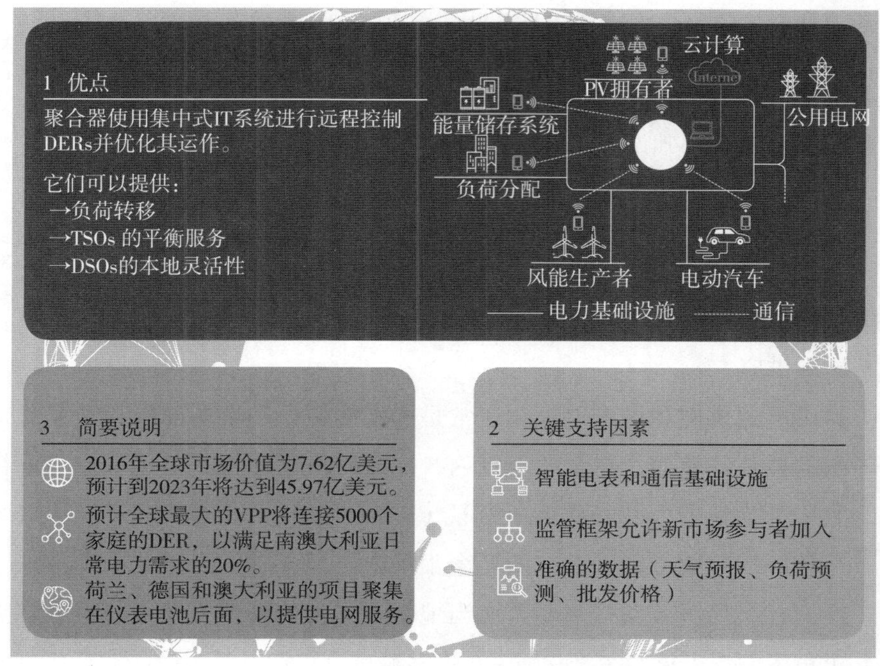


**图 10 聚合器：关键事实和图解**

（来源：IRENA（2019c））

城市作为需求的聚合器

社区选择聚合（Community Choice Aggregators，CCA）允许市政当局或市政团体组建新的实体，称为社区选择聚合器，批量采购电力以覆盖居民和企业的总负荷。通过汇总能源需求，城市可以与电力供应商和开发商协商具有竞争力的价格，通常比公用事业费率低 3% 至 10%。大部分电力来自独立电力生产商，这些电力生产商根据长期购电协议向 CCA 提供可再生能源（US LEAN，2015）。当地公用事业公司仍负责电力的传输和分配、计费、收款和其他客户服务。

CCA 在全球越来越受欢迎，最近的 CCA 例子包括日本山形县和群马县的几个市政府向消费者提供可再生能源。在群马县，该县拥有 Nakanojo Electric 60% 的股权，Nakanojo 从城镇拥有的光伏系统购买电力并将其转售给 30 个公共设施，包括学校和社区中心，费率低于主要的国家公用事业公司——东京电力公司（TEPCO）。邻近的山形县也计划成立公有的山形电力公司，根据 CCA 计划向当地消费者提供可再生能源（Movellan，2015b）。

城市作为投资者和消费者

城市拥有市政基础设施，城市机构也是直接能源消费者。

### 市政基建所有权

能源系统的所有权及其与城市政府的监管联系，是了解市政府在促进可再生能源使用中的作用的一个关键方面（Rezessy 等，2006）。

- 能源供应

  城市能源供应和城市电气化通常是国家能源公用事业部门和国家监管机构的责任。然而，在全球范围内，许多城市正在将其公用事业“重新设置”为当地的公共和集体所有权（WWI，2016）。虽然各地具体情况不尽相同，但地方社区参与的概念很重要，因为它们为区域居民带来了广泛的社会经济效益，主要是在当地就业和价值创造方面，同时也解决了可再生能源需求。在北欧国家，许多城市直接拥有其市政能源公用事业，它们通常是风能、水能和生物能源发电的主要开发商、投资者和所有者。在德国，20 世纪 90 年代末开始电力自由化之后，当地的公用事业变得越来越重要，在国家的清洁能源转型即所谓的“能源转型”中发挥了关键作用。截至 2015 年底，日本已有 14 个城市成立了公司，以利用当地资源生产可再生能源。日本继 2016 年开始全面放松对电力市场的管制之后，政府现在的目标是，到 2021 年建立 1000 家这样的城市电力公司（Negishi，2015）。

- 区域能源

  虽然许多城市拥有电力、燃气、供暖和制冷的公共分配权，但有些城市还拥有供应能源和通信服务的地下网络。例如，奥地利维也纳拥有其公用事业公司，用于区域供热、燃气和电力，并实施控制以提高可持续能源的比例（Grubler 等，2012）。

- 街道照明

  全球约有 3 亿个路灯，公共照明在全球能源消耗中占据重要地位，可以消耗城市年度能源预算的40%。虽然几乎所有城市都对室外街道照明有一定程度的控制，但大多数城市都有完全控制权（IRENA 和 ICLEI，2013）。地方政府可以通过提供资金及管理路灯的采购、安装和监督来发挥积极作用。独立的光伏供电路灯对于没有电网的区域尤其有利，特别是在快速城市化区域。在非正规聚居区或城市的欠发达地区，独立供电的路灯可以在教育、社区会议和提高安全性等方面提高夜间的社会生产力。可再生能源也可用于存在电网但不可靠的区域。在巴西里约热内卢，当地政府在 Arco Metropolitano 高速公路的 73 公里长的区域内安装了超过 4300 个太阳能路灯。这在没有进一步加大当地电网压力的条件下，提高了高速公路的安全水平（IRENA 和 ICLEI，2013）。

### 城市机构作为可再生能源的直接消费者

通过在医院、学校、办公室和街道照明中的能源使用，可以看出，地方政府本身就是重要的能源消费者。它们的高市场份额意味着它们可以创造一个支持可再生能源的临界规模，特别是在区域和国家层面协调时。要做到这一点，城市可以使用一系列政策工具——如绿色采购和拍卖——在某些情况下，可以作为长期购电协议的承购商（NREAL，2014）。许多城市可以控制或影响它们购买的能源，特别是当它们拥有自己的公用事业公司时。在其他情况下，作为消费者的城市与作为供应商的公用事业之间的特许经营协议可以发挥作用，拍卖可以用于采购可再生能源。2011 年，得克萨斯州奥斯汀通过一项名为 GreenChoice 的计划，成为美国最大的为其所有市政建筑和设施采购 100% 可再生能源的地方政府（IRENA，2016b）。

### 实施挑战

- 政治格局和目标设定
  - » 跨部门协调具有挑战性。
  - » 能源治理机制缺乏改革。
  - » 缺乏长期政治承诺。
- 运营

» 在某些情况下，城市既是市政能源公用事业的所有者和经营者，也可以影响能源结构以及开发和投资可再生能源发电厂。

- 监管格局

  » 缺乏可靠的监管框架，包括建筑规范、并网规则、技术标准、土地使用规划、公共住房计划和其他具体措施，如太阳能条例，以促进可再生能源（IRENA，2016b）。

- 融资

  » 缺乏激励措施或低息贷款以促进可再生能源解决方案的采用（IRENA，2016b）。

  » 地方政府缺乏资金，难以识别和选择成功的商业模式。

- 宣传、意识和知识

  » 缺乏技术人员。

  » 缺乏公民的提高认识计划以及针对从业者的培训计划。

### 专栏 5　中国张家口市能源转型战略

中国张家口市拥有丰富的可再生能源资源，毗邻中国北京，在维护区域环境可持续性方面发挥着重要作用，并支持首都在 2022 年举办低碳冬季奥运会。

对于一个传统上依赖煤炭进行能源生产和能源密集型产业促进经济增长的城市来说，这带来了一系列艰巨的挑战。

大都会是风力发电的大型生产地区——足以满足其自身的能源需求。然而，需要解决缩减问题，并且增加城市的自我消费可能优于将风电馈送到电网中（更有效地解决弃风弃光问题）。地方、省级和中央政府之间的关系在决策中起着重要作用。

为了促进城市的转型，中国国务院给张家口市提供了建立国家可再生能源发展示范区的机会——中国首个此类示范区——利用该城市 40GW

的风能和30GW的太阳能潜力。

在政策支持下，张家口市不仅制定了扩大能源结构中可再生能源份额的中期目标，还探讨了能源转型与工业和经济部门转型的战略联盟。市政决策者设想，当地经济将逐渐脱离传统行业，如煤炭开采、钢铁制造、水泥和玻璃制造。鉴于该市拥有近3亿吨煤炭储量，占该地区总储量的近20%，并且关闭当地钢厂将影响超过13万人的生活，这是一个具有挑战性的决定。

然而，市政领导人意识到新的产业，如氢燃料电池的生产和使用可再生电力电解生产氢气，再加上智能电网技术和可再生电力驱动的数据设施管理，与当地情况吻合，为这座城市提供独特的转型机会。随着可再生能源技术成本持续下降，太阳能和风能发电的边际成本很快就会与传统能源相比具有成本竞争力。结合储能设施和智能控制系统，可确保电源的可靠性。

通过实施这一战略，张家口市希望在下一波工业和技术创新中具有吸引力。它还希望吸引更多可持续发展的企业，从而促进更多高端就业机会的发展和创造。

资料来源：张家口市政府。根据对该市主要决策者的采访整理。

## DER应用：岛屿和农村离网解决方案

### 特点

成本大幅降低、技术进步和政策扶持推动了全球离网可再生能源技术的应用。IRENA估计，2016年大约有1.33亿人使用此类技术，包括独立系统和小型电网，有900万人与可再生小型电网连接，1.24亿人使用太阳能照明和太阳能家庭解决方案（IRENA，2019d）。

几个强大因素的融合为实现离网解决方案支持的普遍电力供应打开了一扇机会之窗（见图11）。技术成本的快速下降，意味着离网可再生能源解决方案现在成为许多非电气化领域扩大电力供应的成本竞争选择。例如，自 2009 年以来，太阳能光伏组件成本下降了 80% 以上，而在全球范围内，太阳能光伏发电的成本从 2010 年到 2017 年下降了 73%。离网可再生能源容量从 2008 年的 2GW 增加到 2017 年的 6.5GW 以上，增长了两倍。虽然部署容量的一部分用于支持家庭电气化，但大部分（83%）用于工业（如热电联产）、商业（如电信基础设施供电）和公共最终用途（如街道照明和抽水）。

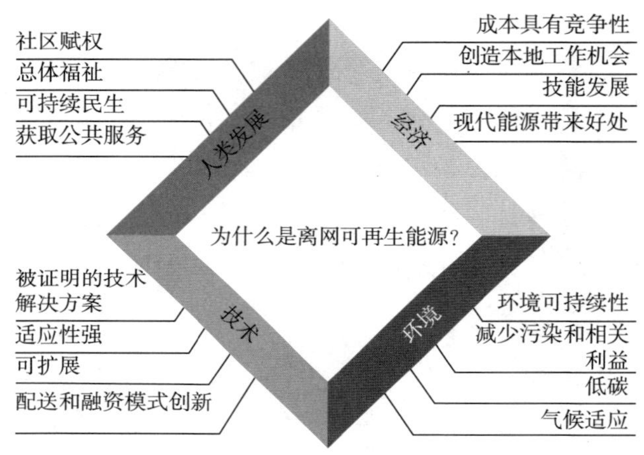


**图 11　离网可再生能源解决方案案例**

（来源：IRENA（2019d））

2007 年至 2017 年，农村离网可再生能源容量在 2017 年增加到接近 1.2GW。到 2030 年，可再生能源将主要通过小型电网提供约 60% 的电网新接入（IEA，2017）。

在整个非洲，太阳能技术的部署一直是离网容量增长的关键驱动因素，超过 820MW 安装在太阳能灯、家庭系统和小型电网以及商业 / 公共服务领域。2011—2016 年，离网解决方案服务人口从 200 万增加到超过 5300 万。太阳能灯推动了这种快速增长，但大约 10% 也依赖于离网太阳能。部分得益于技术创新和融资方案（例如即用即付）和其他移动支付平台，太阳能家庭系统现在为超过 400 万人提供服务（IRENA，2018f）。

在非洲，生物能源也有助于农村离网可再生能源的发展，往往是对太阳能系统的补充，正如最近的 IRENA 报告《撒哈拉以南非洲可持续农村生物能源解决方案：良好实践的集合》所述（IRENA，2018e）。报告重点介绍了可持续农村生物能源解决方案的几个例子。例如，加纳非政府组织可持续能源与环境解决方案研究所（ISEES）倡导，为低收入家庭和以妇女为首的小规模农业加工企业建设并部署气候智能、创新的可再生能源技术（炉灶及太阳能和沼气系统）。否则，这些客户将无法接触此类技术。这类技术是由 ISEES 通过社区主导的商业和营销模式分配的。

该研究所推广的技术之一——尤其是在农村地区进行农业加工的妇女——是生物质气化炉。该技术允许原料农业废物在作物加工过程中作为加热燃料再利用 / 再循环。这是一种"变废为宝"的概念。加纳常见的农业加工业包括木薯、乳木果油、棕榈仁油、蘑菇杀菌、棕榈油、咖喱、花生、鱼，甚至水果和叶子干燥。生物质气化炉可以在没有烟雾的情况下燃烧废物，从而有助于高效烹饪。来自生物质气化炉的灰烬也可用于提高土壤肥力。

另一个有趣的例子是 Mandulis Energy 与伦敦帝国理工学院合作开发的生物质气化系统。该系统在低氧环境中处理固体生物质，将其转化为气体燃料（合成气）和生物炭（固体生物质燃料，类似于煤）。合成气可用于发电和供热。生物炭用于制造煤球作为木炭的替代品。Mandulis Energy 已经启动了 8MW（16 个 500kW 的站点）的离网发电站点以及压块生产。

在亚洲，离网可再生能源电力服务能力在过去十年中增加了近八倍，达到 7600 多万用户，总容量增加到超过 4.3GW。太阳能灯为约 5000 万人提供服务，而太阳能家庭系统则为超过 2000 万人提供电力服务。离网太阳能正在部署中，以提供广泛的服务，包括家庭、商业、公用和工业电气化。同时，到 2017 年，离网水电容量已经扩大到超过 127MW。例如，在孟加拉国，太阳能家庭系统现在为超过 1800 万人提供服务，同时，由微型水电供电的小型电网到 2016 年已经为 700 万人提供服务（IRENA，2018f）。

南美洲的电力接入率是发展中国家最高的，离网可再生能源解决方案被认为是电力输送以及工业和商业应用的最后一公里的关键（IRENA，2018f）。

然而，缺乏电力供应不仅是发展中国家的问题，它也影响工业化国家。

一个很好的例子是巴西“Luz para Todos”计划，旨在通过电网扩展、电网分散和独立系统为偏远社区提供能源，并实现农村地区通用电力使用的目标（GNESD，2019）。约72%的资金来源于两个方面：Reserva Global de Reversão，一个提供贷款的基金，该基金来自特许经营费和分销公司支付的罚款；Conta de Desenvolvimento Energético，一个提供补贴的基金，该基金来自所有电力消费者电价支付。该机制最初计划于2014年结束，由于其成功实施，已延长至2018年。将近340万个以前没有电气化的家庭连接到电网，到2014年，该计划比最初200万个家庭受益的目标高出68%。该计划还为被援助的社区带来了社会效益和经济利益。

该计划的结果吸引了那些仍然存在电力普遍化障碍的国家的兴趣。巴西与安哥拉、阿根廷、玻利维亚（多民族国）、布基纳法索、喀麦隆、中国、哥伦比亚、哥斯达黎加、古巴、危地马拉、印度、肯尼亚、尼加拉瓜、尼日利亚、秘鲁、南非和赞比亚等将“Luz para Todos”计划引入实践的国家，建立了技术交流（GNESD，2019）。

其他G20国家，如澳大利亚和俄罗斯，也必须解决其农村偏远地区的电网接入问题。在俄罗斯，该地区70%的电力供应是分散的，其中大部分地区面临严峻的环境条件（即西伯利亚、远东和远北地区）（Surkov，2013）。在澳大利亚，约有2%的人口居住在离网电力市场，占该国总电力需求的6%，包括小社区、农业加工设施、离网矿区和离网基础设施（AECOM，2013）。在这两种情况下，电力都由天然气和柴油燃料提供，这为独立清洁能源解决方案，特别是混合发电站的投资创造了机会。这些机会包括将成熟的可再生能源技术与现有的离网发电系统（即天然气和液体燃料）混合。这些系统将通过使用可再生能源克服电力不足的挑战，同时改善电源的质量和稳定性。

与农村离网区域一样，面对相同挑战的是小岛屿发展中国家（Small Island Developing States，SIDS），小岛屿发展中国家是遍布世界海洋的一组独特的发展中国家（UN-OHRLLS，2011），往往依赖薄弱的资源基础，这剥夺了它们本可享有规模经济的好处。它们还具有国内市场狭小、能源和基础设施成本较高的特征。尽管人口不断增长，但对自然灾害以及脆弱的自然环境几乎没有抵御能力。

然而，小岛屿发展中国家具有可再生能源发展的巨大潜力，并且通过可再生能源技术的组合可以满足大部分（如果不是全部）国内能源需求。降低系统成本为加速从化石燃料向可再生能源的转型提供了机会，从而降低电力成本，改善能源获取，创造就业机会并提高能源安全。

鉴于大多数小岛屿发展中国家依赖进口的精炼石油产品进行发电，因而具有世界上最高的电力成本。由于化石燃料的长供应链以及小岛屿发展中国家有限的购买力，其发电成本通常在每千瓦时 0.30 美元到每千瓦时 1.00 美元以上。相反，可再生能源为许多岛屿提供了更低成本的替代方案，并且已经在全球范围内发挥关键的示范作用（IRENA，2016c）。

由于具有小规模电网系统的岛屿受可再生能源供电波动的影响大于与大规模电网相连的区域的影响，因此在提高这些地区的可再生能源普及率时，电网稳定性是一个特别重要的问题。然而，可再生能源比例高的电力系统的可持续运行，已经在世界各地利用可再生能源、太阳能光伏和电池存储，以支持高可再生电力份额的众多岛屿（例如巴巴多斯、佛得角、斐济、基里巴斯等）得到证明（IRENA，2016c）。

例如，在多米尼加共和国，大约有 40 万人无法用电，依靠煤油灯或燃烧松树进行夜间照明，除了昂贵外，还会对健康造成严重的危害。自 2008 年以来，13 个被排除在国家电网之外的社区得到了农村电气化可再生能源项目的支持。农村电气化计划通过支持社区企业的发展，促进农村社区获得可再生能源，重点是加强社区和地方政府之间的合作，以便更好地管理电力。该计划特别支持小企业创收和综合能源生产、环境保护、社会需求、机构能力建设及当地社区合作社。结果是成功的。村民们组成团队参与建设微型水电站，大幅提升了主人翁意识。与此同时，已经安装了一些小型微型水电站，为全国 3000 多个家庭提供可持续能源。展望未来，可持续能源考虑已纳入 70% 以上新工厂所在城市的未来计划和管理政策（IRENA，2016c）。

工业化国家的岛屿面临着与发展中国家类似的挑战。

例如，G20 成员日本由 6852 个岛屿组成，面临着电网稳定性的挑战。有鉴于此，2015 年日本政府在 10 个农村岛屿（鹿儿岛县 6 个，冲绳县 4 个）开展了一系列项目，以改善电网运营。这对偏远岛屿尤为重要，因为它们与国家电网隔离，这些区域的电网规模通常比其他地方小得多。这些项目通过使用电池存储来改善电网运行，以稳定太阳能供电和配电的短期和长期波动，从而提高能源安全性。例如，在宫古岛西南部的一个小岛屿 Kurimajima，约有 90 户家庭和大约 200 名公民，已经部署了一个旨在 100% 依赖可再生能源的试点项目。该岛的峰值功率需求约为 200kW。为满足这一需求，安装了两个 176 千瓦时的电池装置，以支持岛上的小电网。基于该试点项目，产生并随后存储在电池系统中的太阳能现在至少可以满足岛上每年电力需求的一半。

**实施挑战**

农村离网地区和小岛屿发展中国家内部的可再生能源转型因众多技术、政策、监管和经济障碍而放缓。一个基本的挑战是从基于化石燃料的电力系统（成本由燃料消耗驱动）转变为以太阳能光伏和风能为主导的系统（成本由大量的前期资本投资驱动）。通常当地缺乏规划、运营和维护具有高可变可再生能源的电力系统的能力（IRENA，2018f）。

- 政治
  - » 离网可再生能源缺乏能源获取战略（计划）的一体化。
  - » 缺乏针对离网行业的专门政策和法规，如质量标准、法律和许可证提供、成本回收和费用监管等。
  - » 主要电网实现计划缺乏明确性。
  - » 在设计离网可再生能源的政策和法规时需要采取整体方法，以便为部署创造有利的生态系统并最大限度地促进社会经济发展。
- 金融
  - » 大量扩大离网可再生能源无法获得商业债务融资（而非通过赠款和非商业性股权）。
  - » 为离网可再生能源项目筹集资金存在困难，特别是在金融市场不发达或传统融资难以获取的国家。
  - » 公共财政在弥合财政缺口方面没有发挥积极作用。

- 机构框架
  - » 相关机构缺乏明确界定的角色。
  - » 行政程序烦琐复杂。
  - » 缺乏离网技术解决方案的国际标准。
- 人的能力
  - » 在价值链的各个层面缺乏适当的确定差距的能力需求评估。
  - » 缺乏帮助开发人员更有效融资以支持项目部署的专用工具。
  - » 缺乏创业支持计划。
  - » 缺乏技能开发计划，包括认证计划。
- 其他
  - » 缺乏跨部门联系（例如技术创新部门与普通民众的就业部门等）。
  - » 缺乏对性别政策和对性别敏感问题的培训机会；性别观点未被纳入能源获取计划（IRENA，2019e）。

# 5. 进一步利用 DERs 的挑战和行动

本报告强调了 G20 成员迫切需要领导全球实施清洁能源矩阵，以避免持续燃烧化石燃料造成导致气候变化最严重的影响。

通过承认可再生能源、可持续发展目标和减缓气候变化之间的积极协同作用，本报告呼吁采取行动并采用新的解决方案，推动必要的能源转型，特别是 DERs 的发展和社会赋权。目前，世界通往可再生能源发展和缓解气候变化的道路状况不符合《巴黎协定》的目标，即使 21 世纪全球气温上升水平远低于工业化前 2℃，并努力实现将温度上升进一步限制在 1.5℃（UNFCCC，2019）。因此，必须采取更积极的行动来减少气候变化并提高可持续性。

本报告确定并分析了在城市、岛屿和农村离网区域内可再生能源和能源效率应用的现有成功分散式解决方案。此外，它还探索了可再生能源社区的创建以及在这三个不同领域内加强企业采购解决方案作为有效的能源转型战略。

动员社会在若干领域扩大可再生能源和 DERs 需要灵活性和适应性，同时认识到参与这一转型的各利益相关方的不同背景、禀赋、能力和优先事项。从前面章节（城市、岛屿、农村离网区域、能源社区和企业采购）中提到的分析和示例以及将以人为本的方法（DIY）作为核心，出现了一些共同的挑战和行动。这些可分为四个主题（见图 12）：

（1）政策法规；

（2）金融创新；

（3）资源和能力建设；

（4）产品和服务创新。

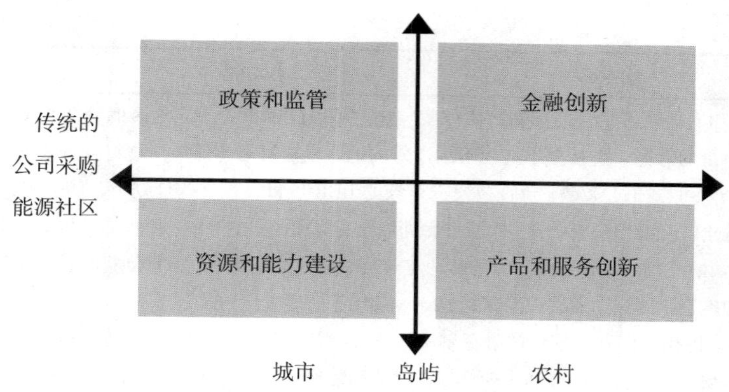


图 12　DERs：G20 行动框架

使用这一框架，G20 成员可以共同或单独采取行动，通过城市、岛屿和农村地区的能源社区以及企业采购实践来帮助开发 DERs。

所有 G20 成员共同拥有强大的经济和政治依存关系，共同致力于创造可持续和稳定的全球环境，这也确实适用于世界的能源、气候和环境状况。正如本报告所探讨的那样，G20 国家作为一个整体可以促进 DER 发展所需的转型，并在全球范围内传播这种变化。就 G20 行动框架而言（见图 12），这具体涉及政策和监管方面的行动、金融创新、资源和能力建设，以及产品和服务的创新。这些在表 2 中列出。

此外，根据拟议的框架，可根据具体情况、背景和优先事项，定制可能适用于整个 G20 或 G20 成员的行动。

表 2　G20 国家的具体行动

| 框架 | 具体行动 |
| --- | --- |
| 政策法规 | • 促进国际计划和举措中的多边评估，以促进多边机构的政策和举措的一致性，将可再生能源解决方案纳入 SDG7。从这一分析中，可以促进其他协同作用。 |
| 金融创新 | • 在全球范围内建立专门的国际融资和投资便利，专门用于贷款和支持社区实施 DER 技术解决方案，以及组织培训和能力建设活动。<br>• 促进组合贷款。鼓励多边银行在同一资金运作下创新及促进不同地区和国家的可再生能源项目融资。这种融资的运作方式类似于“组合贷款”，允许部署非发达国家风险较高的小项目。作为获得多边机构资金的一个条件，发达国家的大型可再生能源项目可以将非发达国家的小项目纳入其财务现金流量分析，从而削弱小型项目的风险。 |

续表

| 框架 | 具体行动 |
| --- | --- |
| 金融创新 | • 推广和支持众筹平台的创新解决方案。这些可以鼓励世界不同地区的社会和个人投资可再生能源项目的意愿，直接在本地或本国以外的地区投资可再生能源。这将降低交易成本，如欧洲的某个人可以通过众筹平台直接投资非洲的 DER 项目。在这些计划下，DER 解决方案可以直接受益于拥有前期投资资金，并通过促进最佳实践和经验的交流，使世界各地的社会更加紧密。<br>• 以巴西的"Luz para Todos"为基础，建立全球金融汇集计划。该计划将包括在发达国家增加几美分的电费，以资助发展中国家的 DER 计划。<br>• 与多边机构合作开发创新的融资解决方案。此类金融市场将重新评估离网发电（岛屿、农村离网区域等）所使用的柴油消耗每月支出的正常现金流量，并将其转化为可再生 DER 解决方案投资的前期资本。<br>• 建立一个平台，提供全面、易获取和实用的信息、工具和指导，以协助开发可融资的可再生能源项目。<br>• 建立改善风险管理和现金流的机制。例如，这可能包括建立混合融资计划，将私人资本（即股权）和捐助者的资金（即多边银行等）结合起来。 |
| 资源能力建设 | • 设立培训课程、教育计划和国际层面（在线和现场）认可的"DIY"方法。这些课程应针对能源社区的消费者和公民，以及政策制定者和行业专家。<br>• 为离网技能开发制订特定的认证计划。 |
| 产品和服务创新 | • 建立专门的平台和专家网络，以便在全球范围内讨论并交换可再生能源和 DER 最佳实践和基准。<br>• 定制 DER 解决方案的适用性，并为岛屿、地区和城市的 DER 解决方案的创新提供特定资金，包括为 DER 技术和创新解决方案设立试点项目。<br>• 为 DER 创新解决方案建立映射和展示平台，以实现可复制性并促进跨市场的企业访问。<br>• 鼓励生产具有嵌入式解决方案的设备，例如提高电池的弹性和灵活性。 |

## 主题 1　政策及改进监管

### 现状和挑战：

加速实现普遍电力供应的 SDG7 目标，需要在有利环境的多个要素之间采取协调一致的行动。其中包括新的政策和法规、更新的交付和融资模式、重新设想的体制框架、加强能力建设、增强技术适应性和扩大跨部门联系。没有一个适合所有人的解决方案。有利环境的每个特定元素都需要根据选定的 DER 方法和本地环境进行定制。在许多国家，现有政策缺乏整体方法或各级政府之间需要的协调，以妥善应对气候变化和 SDGs。

此外，DER 解决方案还需要几个特性。其中包括与无法进入能源市场相关的可能的市场障碍、可能歧视较小的投资者、影响电价结构的问题、治理问题以及缺乏适当的体制框架。从以燃料消耗为代价的基于化石燃料的电力系统转向以太阳能光伏和风力为主导的系统，其成本受到大量前期资本投资的驱动，存在固有的困难。此外，由于缺乏规划、运营和维护具有高可变可再生能源份额的电力系统的能力，未来的发展可能受到阻碍。

**建议：调整规划、市场和监管，使其成为 DERs 的推动者**

行动：

1. 制定有效的投资市场框架。确保电力市场对所有类型的参与者开放，并且该法规允许公用事业公司和独立电力生产商投资于具有成本效益的可再生电力选项和项目获利。设想一个能源市场结构，允许各种规模的公司和可再生能源开发商之间的直接交易，如通过 PPA。

2. 为所有市场参与者创造平等的市场准入。在这个框架中，拍卖不是刺激社区能源部署的首选工具。同样，决策者也可以考虑建立分散的、以社区为基础的可再生能源系统。例如，在招标程序中，可以建立社区项目的具体目标和规定，推动公司的采购创新以及私营和公共部门的全球变革管理。

3. 与公用事业公司合作，调整和简化与能源配送（即电网连接）、许可和批准相关的方面。调整和审查经济法规，包括现有电价，目的是制定承认公用事业提供额外服务的电价。

4. 考虑建立社区能源当局，其唯一目的是通过提供咨询服务和筹资机会来支持社区能源项目。通过促进利益相关方参与和提高公众意识，当局可以大大加快其发展。在几个负责支持农村电气化活动的撒哈拉以南非洲国家建立了新的机构，如农村电气化机构。虽然具体方法根据国家情况而有所不同，但成功的战略通常包括: 明确界定的角色和责任，以使部门参与者对行政程序有确定性; 要求简化的行政程序，旨在减少交易许可和许可成本；确保负责实施电气化战略的机构具备足够的技术、财务和预算监督能力。

**建议：协调政策——纵向（地方 / 国家）和横向（部门之间）**

行动：

1. 稳定并阐明对可再生 DER 解决方案的开发至关重要的政策和法规。需要制定政策，包括激励机制，以吸引投资并鼓励当地企业为长期市场发展作出贡献。

2. 将部门政策与可再生能源和可持续发展目标联系起来，例如通过应用 DERs 的城市或运输政策。将能源规划纳入城市规划不仅需要跨部门协调，而且在许多情况下需要改革能源治理机制。

3. 通过鼓励在公共建筑（即医院、学校等）中应用 DERs 和能源效率，让公共部门参与进来。公共部门在通过研究和试点项目支持模式创新的实施方面也发挥着至关重要的作用。

4. 在国家能源获取战略中主流的离网解决方案为市场发展提供坚实的基础。这激励不同的利益相关者设计定制的解决方案以提供能源服务。

## 主题 2 金融创新

**现状和挑战：**

金融部门在离网解决方案方面取得了重大进展，然而，新 DER 应用的潜力仍然等待解锁和探索。

**建议：审查融资计划**

社区（城市、岛屿或农村）经常面临融资挑战：（1）由于无法获得第三方融资而难以筹集资金；（2）项目开发技能不足，使项目或多或少缺乏吸引力；（3）缺乏符合新 DER 应用需求的特定融资方案；（4）由于对这些技术知识不足，金融机构不愿意为新的 DER 应用提供资金。

行动：

1. 确保为最终用户提供长期、量身定制且价格合理的融资。这可以改善 DER 解决方案的可及性，无论是产品（如太阳能家庭系统）还是服务（如小型电网连接费用）。以这种方式吸引当地金融机构设计最终用途融资，也有助于为家庭提供除能源以外的更广泛的金融服务。

2. 提高金融机构对可用 DER 解决方案的认识和理解。

3. 为 DER 解决方案设计特定的资金来源和方案。众筹等金融工具可以在没有传统融资或证明成本过高的情况下为分散式项目提供资金。公共融资、众筹和其他扶持条件在填补资金缺口方面发挥着关键作用，同时通过研究和试点项目支持交付模式创新。

4. 允许现有资金贷款并投资可再生能源发展。此外，通过帮助项目开发人员更有效地获得融资，提供专用的项目促进工具来支持项目部署。

5. 确保政府支持开发替代商业模式。鼓励金融机构分配贷款。公共担保可以在这一领域发挥重要作用。

6. 动员国际支持。一个适当的国际金融机构可以建立一个专门用于资助发展中国家社区能源项目的便利。

## 主题 3　资源和能力建设

**现状和挑战：**

目前，在开发教育计划和专业培训方面可以取得更多进展，这些培训将充分利用可再生能源部门的创造就业潜力，以及 DER 和 DIY 解决方案的渗透。能力建设是分散式可再生能源发展的有利环境的核心支柱，适当技能是分散式可再生能源部门可持续发展的关键。

**建议：促进网络以便于并投资于能力建设和行为改变教育**

行动：

1. 建立人力资源，将可再生能源选项纳入 DER（城市、岛屿或农村）。电网的规划、融资、管理、运营和维护需要各种技能。在区域内培养、发展和维持必要的技能可以确保对当地经济有持续的影响。

2. 在公共和金融机构内建立足够的能力，以支持国家能源获取战略的实施。提高利益相关者对基于可再生能源的 DER 解决方案的特性的认识和敏感度，可以解决新技术面临的一些障碍。

3. 创建交流知识和专业知识小组。这可以在公司层面以及地理层面（例如城市）进行。创建一个专门的机构或平台，在整个过程中协助公司和社区。

4. 设计创业支持计划。当地私营和公共部门、中小学和大学以及能源社区必须能够获得这些信息，以支持发展针对去中心化解决方案的可持续市场。

5. 提供专门的项目促进工具。这些应该通过帮助开发人员更有效地获得融资来支持部署项目。

6. 设计计划以提高对 DERs 潜力的认识和理解。这些应该不仅适用于直接用户，也适用于整个社会，以促进更明智的行为改变。

7. 积极让社区参与项目的设计、建设、运营和维护阶段。这些应该增加社区的支持并提高可持续性。

## 主题 4　产品和服务创新

**现状和挑战：**

现有的 DER 解决方案仍具有巨大且未开发的创新潜力，并允许来自城市、岛屿或农村地区的任何客户（无论专业知识）独立使用该应用程序。DER 解决方案通常需要特定的技能组合，这通常仅限于用户。在这一点上，这些创新非常有用，因为消费者越来越多地扮演着更积极的角色，从家庭和企业采购中的传统 DERs 转向能源社区方法和 DIY 应用。因此，技术适应、创新和改进在发电、系统平衡组件和最终用途应用方面对 DER 解决方案的成功至关重要。

**建议：鼓励 DER 产品和服务的创新，同时促进技术的可得性**

行动：

1. 提供市场政策以支持 DER 设备商业化。政策制定者在为行业增长铺平道路方面发挥着关键作用。

2. 为 DER 定义适当的标准和质量控制措施，以促进应用的稳健性。这将避免低质量产品的扩散，专注于采用鼓励可持续发展的标准，同时不会阻碍适应和交付模式的创新。

3. 自定义“即插即用”DER 系统的应用，使它们适应不同的市场特征，例如城市、岛屿和农村地区。

4. 促进 DER 技术的经济承受能力和可用性。这允许来自供应方的创新，从而使得这些产品在市场上通常可用。

5. 鼓励将 DER 解决方案纳入建筑物。建筑规范可确保可持续性的设计、建设和能源使用。

# 参考文献


[ 1 ] AECOM（2013），*Australian Remote Renewables: Opportunities for Investment* www.assorinnovabili.it/public/sitoaper/AperNelMondo/Internazionale/Report%20Australia.PDF.

[ 2 ] CAN（Climate Action Network International）（2018），*G20 Working Group*，CAN，www.climatenetwork.org/working-group-pages/g20（viewed 7 January 2019）.

[ 3 ] C40 and ARUP（2015），Climate Action in Megacites 3.0 – Networking works，there is no global solution without local action，www.cam3.c40.org/images/C40ClimateActionInMegacities3.pdf.

[ 4 ] C40（2012），*Why Cities are the Solution to Global Climate Change*，C40，www.c40.org/ending-climate-change-begins-in-the-city.

[ 5 ] G20 Argentina（G20Argentina 2018）（2018），*G20 Climate Sustainability Working Group Adaptation Work Program（2018-2019）*，www.argentina.gob.ar/sites/default/files/g20_adaptation_work_program_adopted_version.pdf（viewed 7 January 2019）.

[ 6 ] GNESD（2019），Energy access program in Brazil："Light for all"，GNESD Energy Access Knowledge Base，https：//energy-access.gnesd.org/projects/32-energy-access-program-inbrazil-lighting-for-all.html.

[ 7 ] GoJ（Government of Japan-Public Relations Office）（2018），*Society 5.0*，www.gov-online.go.jp/cam/s5/eng/（viewed 7 January 2019）.

[ 8 ] Grubler，A.，X. Bai，T. Buettner，S. Dhakal，D. J. Fisk，T. Ichinose，J. E. Keirstead，G. Sammer，D. Satterthwaite，N. B. Schulz，N. Shah，J. Steinberger and H. Weisz（2012），Urban Energy Systems，Chapter 18 in Global Energy Assessment – Toward a Sustainable Future，Cambridge University Press，Cambridge，UK and New York，NY，USA and the International Institute for Applied Systems Analysis，Laxenburg，Austria，pp. 1307-1400. www.iiasa.ac.at/web/home/research/Flagship-Projects/Global-EnergyAssessment/GEA-

Summary–web.pdf.

[ 9 ] IEA（2018），*Global Energy & $CO_2$ Status Report 2017*，IEA，Paris，www.connaissancedesenergies.org/sites/default/files/pdf–actualites/geco2017.pdf.

[ 10 ] IEA（2017），*Energy Access Outlook 2017：From Poverty to Prosperity*，IEA，Paris，www.iea.org/publications/freepublications/publication/WEO2017SpecialReport_EnergyAccessOutlook.pdf.

[ 11 ] IPCC（2018），*Special Report on Global Warming of 1.5 ℃*，IPCC，Geneva，www.ipcc.ch/sr15/.

[ 12 ] IRENA（forthcoming），*Community-ownership models：Innovation Landscape Brief*，International Renewable Energy Agency，Abu Dhabi.

[ 13 ] IRENA（2019a），*Global Energy Transformation：A Roadmap to 2050（2019 Edition）*，IRENA，Abu Dhabi

[ 14 ] IRENA（2019b），*Innovation landscape for a renewable-powered future：Solutions to integrate variable renewables.* IRENA，Abu Dhabi，www.irena.org/publications/2019/Feb/Innovationlandscape–for–a–renewable–powered–future.

[ 15 ] IRENA（2019c），*Aggregators：Innovation Landscape Brief*，IRENA，Abu Dhabi，www.irena.org/media/Files/IRENA/Agency/Publication/2019/Feb/IRENA_Landscape_Aggregators_2019.pdf?la=en&hash=388A36E4EB2723D2324C4B08329055F3121FD534.

[ 16 ] IRENA（2019d），*Off-grid renewable energy solutions to expand electricity access：An opportunity not to be missed*，IRENA，Abu Dhabi，www.irena.org/publications/2019/Jan/Off–grid–renewable–energy–solutions–to–expand–electricity–to–access–An–opportunity–notto–be–missed.

[ 17 ] IRENA（2019e），*Renewable energy：A gender perspective*，IRENA，Abu Dhabi，www.irena.org/publications/2019/Jan/Renewable–Energy–A–Gender–Perspective.

[ 18 ] IRENA（2018a），*Opportunities to accelerate national energy transitions through advanced deployment of renewables（Report to the G20 Energy Transitions Working Group）*，IRENA，Abu Dhabi，www.irena.org/publications/2018/Nov/Opportunities–to–accelerate–nationalenergy–transitions–through–advanced–deployment–of–renewables.

[ 19 ] IRENA（2018b），*Corporate sourcing of renewables：Market and industry trends – Remade Index 2018*，IRENA，Abu Dhabi，www.irena.org/publications/2018/May/Corporate–

Sourcingof–Renewable–Energy.

[ 20 ] IRENA（2018c），*Scaling-up renewables in cities：Opportunities for municipal governments*，IRENA，Abu Dhabi，www.irena.org/publications/2018/Dec/Scaling–up–Renewables–in–Cities.

[ 21 ] IRENA（2018d），*Renewable power generation costs in 2017*，IRENA，Abu Dhabi，www.irena.org/publications/2018/Jan/Renewable–power–generation–costs–in–2017.

[ 22 ] IRENA（2018e），*Sustainable rural bioenergy solutions in Sub-Saharan Africa：A collection of good practices*，IRENA，Abu Dhabi，www.irena.org/publications/2019/Jan/Sustainable–Rural–Bioenergy–Solutions–in–Sub–Saharan–Africa–A–collection–of–good–practices.

[ 23 ] IRENA（2018f），*Off-grid renewable energy solutions：Global and regional status and trends*. IRENA，Abu Dhabi，www.irena.org/publications/2018/Jul/Off–grid–Renewable–Energy–Solutions.

[ 24 ] IRENA（2018g），*Policies and regulations for renewable energy mini-grids*，IRENA，Abu Dhabi，www.irena.org/publications/2016/Sep/Policies–and–regulations–for–private–sectorrenewable–energy–mini–grids.

[ 25 ] IRENA（2017a），*REthinking Energy 2017：Accelerating the global energy transformation*，IRENA，Abu Dhabi，www.irena.org/publications/2017/Jan/REthinking–Energy–2017–Accelerating–the–global–energy–transformation.

[ 26 ] IRENA（2017b），*Untapped potential for climate action：Renewable energy in Nationally Determined Contributions*，IRENA，Abu Dhabi，www.irena.org/publications/2017/Nov/Untapped–potential–for–climate–action–NDC.

[ 27 ] IRENA（2017c），*Renewable energy in district heating and cooling：A sector roadmap for REmap*，IRENA，Abu Dhabi，www.irena.org/publications/2017/Mar/Renewable–energy–indistrict–heating–and–cooling.

[ 28 ] IRENA（2016a），*G20 toolkit for renewable energy deployment：Country options for sustainable growth based on REmap*，IRENA，Abu Dhabi，www.irena.org/publications/2016/Jun/G20–Toolkit–for–Renewable–Energy–Deployment–Country–Options–for–sustainablegrowth–based–on–Remap.

[ 29 ] IRENA（2016b），*Renewable energy in cities*，IRENA，Abu Dhabi，www.irena.org/

publications/2016/Oct/Renewable–Energy–in–Cities.

[30] IRENA（2016c），*A path to prosperity：Renewable energy for islands（3rd edition）*，IRENA，Abu Dhabi，www.irena.org/publications/2016/Nov/A–Path–to–Prosperity–Renewable–Energy–for–Islands–3rd–Edition.

[31] IRENA（2015），*Renewable energy target setting*，IRENA，Abu Dhabi，www.irena.org/publications/2015/Jun/Renewable–Energy–Target–Setting.

[32] IRENA and ICLEI（International Council for Local Environmental Initiatives）（2013），*Renewable energy policy in cities：Selected case studies*，IRENA，Abu Dhabi，www.irena.org/publications/2013/Jan/ Renewable–Energy–Policy–in–Cities–Selected–Case–Studies.

[33] IRENA，IEA and REN21（2018），*Renewable energy policies in a time of transition*，IRENA，OECD/IEA and REN21，www.irena.org/publications/2018/Apr/Renewableenergy–policies–in–a–time–of–transition.

[34] Movellan，J.（2015a），"Born from disaster：Japan establishes first microgrid community"，*Renewable Energy World*，www.renewableenergyworld.com/articles/2015/05/born–fromdisaster–japans–first–microgrid–community–represents–future–of–energy.html.

[35] Movellan，J.（2015b），"Tokyo's renewable energy transformation to be showcased in the 2020 Olympics"，*Renewable Energy World*，www.renewableenergyworld.com/articles/2015/06/tokyo–s–renewable–energy–transformation–to–be–showcased–inthe–2020–olympics.html.

[36] NCC（Nature Climate Change）（2016），"The role of society in energy transitions"，*Nature Climate Change*，Vol. 6，www.nature.com/articles/nclimate3051.pdf?origin=ppub（viewed 7 January 2019）.

[37] Negishi，M.（2015），"Japanese towns bank on renewable energy"，*The Wall Street Journal*，20 December，www.wsj.com/articles/japanese–towns–bank–onrenewableenergy–1450640000（paywall）.

[38] NREL（2017），*Net Metering*，National Renewable Energy Laboratory，www.nrel.gov/statelocal–tribal/basics–net–metering.html (viewed 15 January 2019).

[39] NREL – National Renewable Energy Laboratory (2014)，*Using Power Purchase Agreements for Solar Deployment at Universities*，www.nrel.gov/docs/gen/fy16/65567.pdf.

# 计量单位及换算

## 计量单位

| | | | |
|---|---|---|---|
| ℃ | 摄氏度 | J | 焦耳 |
| W | 瓦特 | MJ | 兆焦 |
| kW | 千瓦 | EJ | 艾焦 |
| MW | 兆瓦 | Gt/yr | 吉吨 / 年 |
| GW | 吉瓦 | h | 小时 |
| kWh | 千瓦时 | | |
| TWh | 太瓦时 | | |

## 单位换算

1kW = 1000 W = 1.0 kW = 1.0E3 W

1MW = 1000 KW = 1.0E3 kW = 1.0E6 W

1GW = 1000 MW = 1.0E6 kW = 1.0E9 W

1TW = 1000 GW = 1.0E9 kW = 1.0E12 W

1PW = 1000 TW = 1.0E12 kW = 1.0E15 W

1EW = 1000 PW = 1.0E15 kW = 1.0E18 W

# 后　记

# Postscript

近年来中国绿色金融在各方推动下得到了快速发展，在中国的倡导下绿色金融首次被写入 G20 峰会的议程，并且成为全球金融合作的亮点。党的十九大会议明确提出推动绿色发展，加快建立绿色生产和消费的法律制度和政策导向，建立健全绿色低碳循环发展的经济体系，构建市场导向的绿色技术创新体系，构建清洁低碳、安全高效的能源体系，这些又给绿色金融发展带来了新的机遇。通过绿色金融的力量支持实体经济，推动绿色可持续发展，促进传统经济向绿色经济的转型，实现“绿水青山就是金山银山”成为每个中国人的梦想和最大福祉。

发展可再生能源促进能源结构转型不仅是中国经济转型的重要途径，更是全球应对气候变化的重要甚至唯一途径。G20 能源部长会议达成共识，鼓励各国制定可再生能源发展战略和规划，以实现可再生能源在全球结构中所占比重大幅提高。G20 财长和央行行长会议对政府通过绿色金融带动民间资本进入绿色投资领域已形成共识，国际投资的绿色化和环境社会责任的承担已经引发各界关注。

非常幸运参与和经历中国首批绿色金融改革创新试验区的具体工作，这使得我对中国的经济增长方式转变和能源结构转型有了更深刻的认识。在新疆这样经济技术相对落后省区发展绿色金融何其难。广袤的戈壁，炙热的阳光，肆虐的暴风，这在传统经济下是最劣等的发展条件，但却是发展风能和太阳能等可再生能源的天然优势。可再生能源使得新疆的劣势翻转成优势，但实现该翻转还离不开可再生能源技术进步、管理体制，尤其是绿色金融的支持。可再生能源发展对于新疆甚至中国的能源结构转型和经济增长方式转变都具有重要的意义。每当想到可再生能源也许是新疆发展的独辟蹊径，甚至是戈壁变桑田的不二法宝便倍感兴奋，这也是促使我研究和翻译可再生能源图书、文献、资料的初衷和动力。

海纳百川，至诚信远。感谢清华大学金融与发展研究中心主任、中国人民银行前首席经济学家马骏博士，感谢他带领具有环保情结、绿色发展情结的有志之士共同创办中国金融学会绿色金融专业委员会，共同推动绿色金融如希望之树一样在中国大地落地、生根，成长为可以为后代带来碧水蓝天的参天大树。

感谢国际可再生能源机构（IRENA）的高级编辑和出版经理 Neil MacDonald 先生和 Stephanie Clarke 先生同意授权给我翻译和出版 IRENA 系列报告。也感谢国家可再生能源中心任副主任赵勇强副研究员的支持，帮助我联系 IRENA 官员得到翻译出版授权。

感谢新疆人力资源和社会保障厅天山英才工程将我纳入培养和资助人选，也感谢中国人民银行乌鲁木齐中心支行的配套资金支持，使得可再生能源和绿色金融的系列报告和译著能够付梓成书。

感谢中国金融出版社郭建伟总编对本书的出版给予的全力支持。感谢为本书编译、校对、出版付出诸多努力而不愿署名的同事和朋友。如果此书能为可再生能源的推广和能源结构转型贡献微薄的力量，这将是对所有支持和帮助我的领导、专家和朋友的最好的致谢。

**郇志坚**

**中国人民银行副研究员**

**《金融发展评论》编辑部主任**

**西安交通大学管理科学与工程博士**

CLIMATE CHANGE AND RENEWABLE ENERGY

# 气候变化与可再生能源

NATIONAL POLICIES AND THE ROLE OF COMMUNITIES, CITIES AND REGIONS

——国家政策以及社区、城市和区域的作用

中国金融出版社
官方微博

中国金融出版社
官方微信

金融青年
微信公众平台

网上书店：www.chinafph.com

上架类别〇政治经济

ISBN 978-7-5220-0516-4

9 787522 005164

定价：30.00元